为食漫笔

张志君 · 著

有味使之出味，
无味使之入味，
最终使之回味。

中国发展出版社
CHINA DEVELOPMENT PRESS

图书在版编目（CIP）数据

为食漫笔：插图本 / 张志君著.北京：中国发展出版社，2019.6
ISBN 978-7-5177-1014-1

Ⅰ.①为… Ⅱ.①张… Ⅲ.①饮食－文化－中国 Ⅳ.①TS971.2

中国版本图书馆CIP数据核字（2019）第112383号

书　　　名：	为食漫笔（插图本）
著作责任者：	张志君
责 任 编 辑：	钟紫君
出 版 发 行：	中国发展出版社
	（北京市西城区百万庄大街16号8层　100037）
标 准 书 号：	ISBN 978-7-5177-1014-1
经 　销 　者：	各地新华书店
印 　刷 　者：	北京密东印刷有限公司
开　　　本：	880mm×1230mm　1/32
印　　　张：	7.75
字　　　数：	120千字
版　　　次：	2019年7月第1版
印　　　次：	2019年7月第1次印刷
定　　　价：	49.00元

联 系 电 话：	（010）68990535 68990692
购 书 热 线：	（010）68990682 68990686
网 络 订 购：	http://zgfzcbs.tmall.com//
网 购 电 话：	（010）68990639 88333349
本 社 网 址：	http://www.develpress.com.cn
电 子 邮 件：	10561295@qq.com

栖居在艺术密林中的美食家
——张志君其人其事

　　我与张志君先生是相交一生的老朋友，相识很早，相知很长。他在我眼里，一直是湖湘才俊中的怪才，他不仅是技艺超群的烹饪大师，也是颇有名望的中国画家，一人身兼二艺而皆精，古往今来恐怕是鲜有所闻。要见识这样一个怪才的学识文章，首先要认识他这个人，了解他的传奇经历，再来读他的文章，自然会多有心领神会的感悟，从而得其精义，受用无穷。

台北往事

　　当年，张志君访台归来，我在他的府上见到了台北故宫博物院院长秦孝仪先生送给他的一幅装裱好的斗方，用镜框框着，显得古朴高雅。四个铁线篆"润色和羹"，险峻飘逸，而左边的题跋，更富有一番深刻的内涵："画人自画人，庖人自庖人，固比比也，至于画人而兼庖人，特

西人目亚人危人自色人简此也至於重人而烹危人特未之靡间

張志居高峰避居士之湘祁陽賢者重回青得危尤精惜

項階馬工班溪文物於岐容展出饕著精饌美之曰歡岳讚

肇美篆潤色和羹呂頌美生陰吾楚之多村也歟

壬穎春二月　秦孝潘添波

润色和羹

未之前闻……"

确实，自古而今，画家就是画家，厨师就是厨师。画家而兼之这么优秀的厨师，连秦孝仪这样的大学问家都"特未之前闻"，可见张志君的技艺之精湛而前无古者也。

秦孝仪院长很器重张志君，他不仅亲笔为张志君题词以贺，还特别陪张志君作演讲，宴请张志君。其礼遇之高，可见张志君弘扬马王堆传统文化的重要性。

台北故宫博物院是艺术的宝库，也是艺术的殿堂。就在1999年12月10日的中午，张志君应秦孝仪院长之邀来到这里。在一间宽敞明亮的大厅里，一个大餐桌，足足有18位老先生早就坐在那儿了。在那些嘉宾中，有时任国民党副总统李元簇，时任台湾行政院院长郝柏村，时任台湾故宫博物院院长秦孝仪，时任台北市长马英九。他们都是来听张志君讲马王堆养生之道的。张志君边示范边讲解，让他们边品尝边体会。这些老先生对汉代古人的养生方法十分感兴趣，提出许多的问题，张志君不厌其烦地认真回答，获得了他们的阵阵掌声。

在台湾的20余天时间里，张志君的活动被安排的满满的。他要讲烹饪，讲马王堆的汉代养生文化；他还要挥笔作画，用毛笔画，用蔬菜作画，真是让观赏者赞不绝口。在这期间，台北的近百位记者出席了记者餐会，有多家报

刊进行过报道，有11家电视台进行了采访，1家电台直播，2家电视台专门分别邀请张志君在电视里作专场讲座。

西汉养生

　　1973年底，长沙马王堆三号汉墓出土了大批的帛书，有相当部分是医药学方面的记载，经整理后分别有"脉法""五十二病方""阴阳十一脉灸经"等10种帛医书。养生方法亦为其中之一，其内容可归纳为一般补气、增强筋力方、治疗阴肿方、女子用药方等7个方面，对于养生学研究、方药研究及老年病防治等均有一定参考意义。中国饮食保健的起源和形成有"医食同源、药食同源"之说，原始人类在寻找食物的过程中，发现了有治疗作用的食物，既可食用，也可作药，融合了西医治疗学和养生学的范畴，为《食治》《食疗》和《食补》的综合体。

　　我国的养生食疗起源历史悠久。相传商代开国元勋伊尹曾经是商王的厨房奴隶，有次商王外出巡视，受了风寒卧床不起，汗出不止。这时伊尹进一碗热汤，服后病竟痊愈。商王一高兴召伊尹问话，伊尹说："饮食有酸、甜、苦、咸、辛等不同；食性有寒、熟、温、凉之别，适合于不同的体质、不同季度及不同疾病，只要调配得当，都有益于人体健康……"据说伊尹给商王服用的热汤是由当时

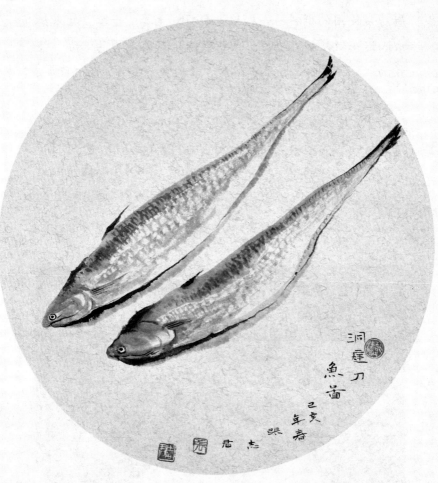

洞庭刀鱼

厨房常使用的调料——桂枝、白芍、生姜、干草、红枣组成。这一做法被后世医家演化成专治风寒感冒的名方"桂枝汤"。伊尹亦著成了中国最古老的食疗著作《汤液经》。

张志君是个善于思考的人，他能够从古代的传统养生方法中，予以发掘、研究，然后加以弘扬，为当代人服务。最值得一提的是张志君创造发明的"西汉龙锅"。这只"锅"不是一只普通的锅。它是采用我国最古老的铜官陶研制而成。锅分两层，其夹层中灌有通过精心配制、对身体有滋

西汉龙锅

补作用的药膳汤。当"西汉龙锅"在中火的熬煎下，最有趣味的是两个"龙头"吞云吐雾，垂涎欲滴，飘飘渺渺，香气四溢。用餐人简直是在欣赏一幅古画，吟一首古诗，听一曲古曲。所谓食文化，确实在这儿得到了具体体现，也是当之无愧的经典之作。

张志君把西汉龙锅带到台湾，于是在台湾烹饪界产生了轰动。

湖南省委招待所餐饮部副部长张伟民把"西汉龙锅"带到湖北武汉，参加全国第四届烹饪大赛，夺得了金牌。

金牌突破

1988 年 6 月 19 日，《湖南日报》在"青年新闻人物"专栏中，刊发了我和徐文龙写的一则长篇通讯《零的突破》，详细报道了张志君在烹饪道路上不畏艰难攀登的事迹，成为鼓励青年朋友们的励志故事。张志君还清楚地记得，那是 1988 年的 5 月 18 日下午，全国第二届烹饪技术比赛的授奖仪式在首都人民大会堂举行，当国家领导人将两枚金光闪闪的金牌挂到张志君胸前时，人们用一浪高过一浪的掌声，向这位厨林新秀表示祝贺、赞赏。张志君是这次比赛获金牌最多的选手之一，时年仅 32 岁。

1989 年，湖南电视台拍摄的《君子志庖厨》专题片

播出后，影响颇大。有一位诗人看了专题片之后，心有感触，欣然吟诗道：十年辛苦谁解味，烹得佳肴入画来。

尔后又有湖南经济电视台、湖南有线电视台、长沙电视台相继以张志君的事迹进行报道或拍成专题片，张志君在湖南乃至全国烹饪界都是鼎鼎有名的了。特别是中央电视台拍摄报道张志君专题片后，认为张志君"厨师画家，全国唯一；蔬菜作画，中外一绝"。

张志君总是这般让人惊讶，让人刮目相看，不断刷新着人们对他的认知。张志君就是这样一个人，始终求索，不甘平庸。

一生画痴

张志君自幼想当一名画家。还是放牛娃时，他就喜欢用树枝在地上写写画画。命运往往喜欢和有志者开玩笑。1977年，考中央美术学院无门的张志君，先被衡阳市招工，后又被湖南省委接待处看中，招收他当了炊事员。一开始，他"身在曹营心在汉"，手里抄着菜刀和汤勺、心里却系念着纸墨笔砚。1977年，中央美术学院原副院长、著名画家罗工柳来湖南，他仔细地看完张志君130多副画稿之后，鼓励张志君走烹饪和绘画相结合的艺术之路。

在我国古代的寓言故事中，有愚公移山、精卫填海、夸父追日、女娲补天这4个在中国广为流传的寓言，它们表现出来的共同精神是"执着"。在工作之余，张志君对绘画艺术也是那么执着。他先后求教于著名国画家钟增亚、著名金石书画家李立、著名国画家黄永玉等。1985年正式拜著名山水画大师何海霞为师，成为何海霞的一位入室弟子。

张志君经常陪同何海霞先生到湖南风景秀丽的张家界、桃花源、永顺、岳麓山、橘子洲头等地方写生，亲眼观看老师动笔写生的方法，体会老师构图、运笔的传统功夫。张志君又多次携带画作到北京何海霞的寓所，请老师指教。每当张志君有一点进步，老师都十分高兴，给予张志君鼓励。张志君还记得，最后一次看望何老时，老先生看完他画作后，含着眼泪对张志君说："我喜欢对艺术执着追求的人，你能把艺术当作生命，我从你身上看到了希望。"最后，老先生执意起床，穿戴整齐，与这位学生留下最后一张合照。

痴迷画事，勤耕不辍，张志君没有辜负老师的期望，博采众长，终成大家面貌，在湖南画坛挣得一席之地。

● 1987年获湖南省直机关书画展评一等奖；
● 1988年获"洞庭杯"全国书画大赛佳作奖；

- 1991 年获"武陵源"全国碑林书法大赛一等奖；
- 1995 年获首届湖南省中国画展评二等奖；
- 1998 年 10 月入选 98 湖南美术"十杰"作品展览，同时被评为 1998 年湖南省中青年"十杰"画家；
- 1999 年入选湖南庆祝建国 50 周年画展，获优秀作品奖；
- 1999 年辽宁美术出版社出版《张志君画选》；
- 1999 年被授予"湖南省首届十杰青年书法家"称号；
- 2013 年在中国国家画院举办首次个人画展，并出版《张志君画集》；
- 2016 年在湖南省画院举办《初墨如岚》个人画展；
  ……

纵观张志君的国画山水，广拜名师而有所侧重，广泛涉猎而独钟山水，在继承其师何海霞的传统功夫外，又能心追手摩创造自己的一套绘画语言，大胆探索，力求有自家精神，能把富丽秀润的青绿山水和气势雄浑的高山峻岭结合起来，使画面激情流露，让笔墨淋漓纵逸。张志君喜欢意境高远的大作品，这种"大"不是画幅的大，而是寓意宏大，气象万千。

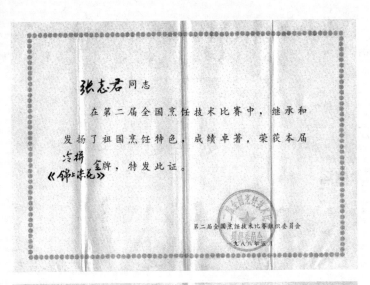

获奖证书

湖南省文联副主席、湖南书画研究院院长钟增亚先生，1999年1月发布在《文艺报》上《掌勺操笔，菜香墨香》一文结尾时说："张志君驰骋在烹饪与绘画的两个领域中，为烹饪与绘画之间架起了一座桥梁。他的精神与勇气为我们画家开拓了一个新的思路。"

艺术栖居

艺术家不是孤立的人。

艺术家并不孤独。

艺术家喜欢在密密的艺术丛林之中，静静地看大自然的变化，看春夏秋冬季节的交替，看百鸟悠闲自在的生活，看泉水涌出地面，看白云飘过蓝天，看人生匆匆，看人民大众的欢乐与忧愁……艺术家在"看"的过程中悟出人生之真谛，悟出生活之美好。

每一位艺术家，都是艺术密林中的一缕阳光，这给艺术的密林中增添了艺术气氛，这艺术气氛令艺术家思考艺术，艺术又给艺术家带来更多的艺术思维。

张志君无疑是一位值得我们靠近的艺术家——烹饪艺术家和绘画艺术家。在烹饪上，他继承传统，发掘马王堆的汉代养生美食文化，发扬中华文化，同时精研技艺，不断创新菜品，把"吃"上升到了"艺术"的境界，为湘菜发展写下浓墨重彩的一笔。在中国画的传统领域中，张志君向传统学习，但不被传统所束缚，敢于逆向思维，善于用本职工作的特长探索绘画艺术——用蔬菜、瓜果来画中国画，无论从哪个角度思考，都是有创意的，是属于"敢于吃螃蟹"的那类先行者。

艺术并不孤立。绘画而烹饪，烹饪而绘画，两者兼顾，相互促进，相得益彰。

张志君就是这样一位奇人，栖居在艺术的密林之中。他的一生是传奇的、多姿多彩的，他的见识文章，当然值得我们去仔细地玩味和品尝。

何满宗

2019 年 5 月 1 日

作者简历

国家一级美术师，教授。历任中国书法家协会理事、中国书法家协会青少年工作委员会副主任、湖南省书法家协会主席、湖南省文联副主席、湖南省文联巡视员。获中国书法家协会"书法进万家"先进工作者、德艺双馨艺术家称号，荣获湖南省人民政府一等功。

目录
Contents

润色和羹

1999 年，我受邀到台湾讲学，主要做汉代养生和中国画的交流讲座。邀请是由台北故宫博物院发起的，所以，当时台北故宫博物院的院长秦孝仪老先生经常陪着我在台湾参加很多交流活动。他是湘潭人，我们是老乡。得知我是何海霞先生的弟子，他专门带我去看了张大千的摩耶精舍，给我讲了很多张大千的美食故事，讲他对美食怎么讲究，怎么做菜，怎么亲自开菜单、亲自下厨招待蒋经国等国民党政要，最后不无调侃地对我说，你是真的得了张大千这一脉的真传。我的老师何海霞，正是张大千的弟子。到了要离开台湾的时候，秦孝仪先生专门为我题了四个字"润色和羹"相赠，勉励我在烹饪和绘画的道路上，要坚持下去。今天，我就以"润色和羹"为题，结合我的人生经历和一些浅薄的见解，跟大家分享一下艺术与烹饪、烹饪与艺术的一些关系，以及烹饪和艺术共同构建的独特生

活情趣。

　　人类对美的概念的起源，与饮食和烹饪有着密不可分的联系，特别在中国，"羊大为美"，赤裸裸地揭示了美与食物的关系。从美说起，在美食和绘画艺术之间，找到共同的美，是一个不那么常规的课题。但我们从这样一个独特的角度出发，去发现美、分享美，揭示生活中美的奥秘，肯定是一件具有独特雅趣的乐事。

　　美和美感是一个十分抽象的概念。虽然现在人们对烹饪艺术的接受度已经在很大程度上有了认可，但至今尚未被人们充分认知：烹饪是如何成为艺术的？美食为什么叫美食？美食的美是什么美？我们常说的烹饪是一门艺术，有时只是一种笼统的抽象的概括，有时甚至只是一种浅薄的恭维；而绘画艺术，是一种更为纯粹的艺术，当我们打通了烹饪和绘画艺术之间的通道时，我们也许就能理解烹饪之为艺术的内涵，美食之美的真谛。

　　美，是一切艺术的灵魂，也是一切艺术给人以吸引和诱惑的源泉，这是烹饪和绘画艺术最根本的共同之处。只是，烹饪艺术和绘画艺术在创造美的方式、手段、载体上有着较大的差异。说到这里，其实我真的很羡慕现在这个时代，人们对于烹饪看法，发生了根本性的变化，人们不再谈论烹饪能不能上得了台面，而是谈论烹饪是怎么样的

无题

一种艺术。记得当年，我们厨艺工作人员还被称为伙夫的时代，连自家的亲戚可能都会嫌弃我们，更别说是获得社会的尊重了。借着这个好时代，我们要好好享受烹饪的美，好好利用烹饪去创造更多的美。可能有些偏题了，我们还是倒回来，回到美食和艺术的相关性上来。要找到相关性，我们不妨先从区别开始，找到了差异，自然就能找到共同的地方。烹饪是味觉美为核心的艺术，而绘画是以视觉美为核心的艺术。他们虽然有各自不同的表现中心，但都会有相同的艺术要求，比如他们可能都是追求形、声、闻、味、触五感皆到的艺术。只是，烹饪的五感可能更直接，是非常感官化的直接。而绘画所追求的五感，却可能大多需要通过想象来实现。但是绘画能够通达性灵，激发五感，是通常人们对画艺的评判标准之一，比如说，画得绘声绘色，好像活过来一样，看起来就好想吃。烹饪讲究色、香、味、形俱佳，其中的色和形，在大部分情况下，都需要借助一定的造型艺术和审美能力来表达，比如现在应用在烹饪中的盘式艺术，更是受到了绘画艺术的启发。而美食之于绘画，同样是一种唤醒和启示。古往今来，无论中西，绘画内容中都少不了以美食为创作内容的作品。因为美食，从很大程度上来说，就是人们的生活，对美食的欣赏，是生活中最重要的情趣之一。

　　通常来看，烹饪可能是感官之美，而绘画是性灵之美。但也不尽然。好的美食也是可以通达心灵的。比如我们对某种味道的怀念：妈妈的味道、外婆的味道、家乡的味道……当我们在恰当的时候遇到恰当的美食时，也边吃边留下思念的眼泪。当然，也有绘画是纯粹追求形式之美、感官刺激的。比如西方的构成美学，就把纯粹的形式当作绘画的内容。

　　还有一点，我想美食和绘画也是相通的，就是调和。我们讲，调和鼎鼐，治大国如烹小鲜，这些对于烹饪的溢美之词，都是在夸赞同一件事——烹饪需要很好的平衡和调和能力。所做之菜肴，无论是蒸、溜、煎、炒、炸，也无论是酸、甜、苦、辣、咸，抑或是软、糯、脆、韧、劲，只有把技艺、口味、口感能调和好，才能是一道让人回味无穷的美味。而绘画也同样如此，笔墨、布局、色彩、结构、远近、层次等，各个要素和谐统一的时候，才能构成一幅佳作。

　　对于吃和画的关系、画与吃的纠缠，也许有两位古人、艺术大师，能有比我们更深的体会和领悟。一个是中国的国画大师张大千，一位则是西班牙的超现实主义绘画大师达利。

　　衣、食、住、行是人生活的基本；视、听、嗅、味、

触，则是人感知的基本。在"生活的基本"里头，也就只有这一个"食"，是需要"五感"皆备的。人们常说，吃什么，你就是什么——这是物质层面的；吃什么，也就能感知到什么——这则是精神层面。张大千深有体会，常常以画论吃，以吃论画："一个人如果连美食都不懂得欣赏，又哪能学好艺术？"又说："以艺事而论，我善烹调，更在画艺之上。"你瞧，这位艺术大家，怀着一颗多么热烈的"厨子的心"。

"吃是人生最高艺术！"这是张大千的名言，也是宣言。张大千不仅喜好吃，而且会品尝。常说判断美食家的重要标准有两条，既爱吃，又懂吃。"爱吃"好理解，"懂吃"就是要知晓这道菜的做法渊源，还要深谙这道菜的食材特点，并能下厨做出来，要色、香、味、形俱全才算得上全科素质。张大千不仅如此，还又画又记，留下丰富的"食谱"，字里行间都是颇为自信的满意。他便用这一颗吃货心、一手好厨艺，广结天下好友。

即便远走他乡，在条件极其艰苦的敦煌，他也不曾亏待自己的胃。他在敦煌有一菜谱，菜式包括羊肉汤、糖醋牛排、三鲜蘑菇、酱豆腐、佛脚冰激凌等。食材常常出其不意，这个"佛脚冰激凌"所用的冰，取自佛像脚下。而千里沙漠，何来的鲜蘑菇？原来，张大千住地有一排杨树，他发现杨树下每年7月长出蘑菇，每天可摘一盘。像采撷敦煌飞天图中的艺术养分一样，他也对探秘美食地图乐此不疲。

张大千并不知道此时在大洋彼岸，还有一位"知己"，那就是只小了他6岁的"吃货"大画家——萨尔瓦多·达利。这位超现实主义大师从小就有一个厨子的梦。他对食物的旺盛兴趣比对美术开始得还早，食欲是他巨大能量的来源，"我的雄心壮志一直不停增长，就像我对各种伟大食物的狂热迷恋一样"。1933年，达利的作品《思忆中的女人》在巴黎展出，使用了真正的面包和谷物。他把面包这种代表了营养和食物的符号变得不实用却富有美感，引起巨大轰动。据说那些面包最后被毕加索的狗偷走吃掉了。

达利还出了一本图文并茂的限量版食谱：龙虾大餐"秋季的食人族"，鹅肉大餐"君王的肉"，炭火烤鸡"闪亮的俄式人造卫星再度降临人间"。在他的自传中，他把美食和美术做了精妙的总结：完整的达利像一种加了过多胡椒、难于吸收的调料，"撒一点儿'达利'在云彩上、在风景中、在忧郁里、在幻想中、在谈话里，仅仅是一点儿，足以使一切产生刺激、诱惑味道。"

画家的美食佳话还有很多。皇亲贵胄溥心畬画风清雅脱俗，却多半是用他刚吃完30个螃蟹的油手画出来的。

三鱼行

吴昌硕好吃圈内闻名，酒席逢请必到，到必大吃，回家的时候一定胃痛。连死都是偷吃麻糖酥撑死的，可谓"死得其所"。

白石老人"白菜换白菜"传为佳话。一向"抠门"的齐白石连买一棵白菜也舍不得，于是想出了拿自己画的"假白菜"换人家的真白菜。买菜人还不领情，对他一顿奚落："想得美！做你的春秋大梦，还想用假白菜换真白菜。"老先生只得夹着一摞"假白菜"灰溜溜地走回家，不由感叹"有辱斯文"！

画家们的美食佳话精彩，其实餐饮人们的画事也很丰富。除了我这样一位既做菜又画画，结果绘画和做菜都落了个业余和玩票的"糟老头"外，在我们的餐饮界，我知道有不少老板都爱画、懂画、收藏画。比如秦皇食府的老总、大蓉和的老总，都是喜欢画几笔的行家。在我们厨师队伍中，也有越来越多的人才，借助美术修养，把菜做得美轮美奂，做得像一幅画，让人看都能看饱，真正动了筷子又舍不得吃。我们的餐饮店，无论是顶级食府，还是路边小店，都越来越喜欢在店内挂两幅字画，让艺术成为佐酒的佳品。我们的餐饮发展，似乎正越来越离不开艺术的熏陶，无论是食品雕刻、花式拼盘、盘式艺术，还是餐饮文化，都在借助绘画艺术的载体，大踏步向前发展。绘画

艺术不仅让烹饪更精致、更回味、更艺术，也让吃变成一场食色共鸣的雅事。

在画家的味蕾上，有无数种美味徘徊逗留，同样，在我们的食肆中、在我们的餐饮人心里，同样珍藏着无数书画妙品。

润色和羹，食色生香，我们应该尽情享受这个时代奉献给我们的艺术和美食。

食事之雅

我们常听人说："这个人吃相粗俗"，甚至更恶毒一点儿的说法："这个人吃相真粗鄙"。这话不假，有些人可能吃得太过投入，在狼吞虎咽、大快朵颐的同时，忘记了保持姿态，吃相确实不好看。但我觉得，从吃相上来判断食事之雅俗，似乎不是一个恰当的标准，或者说太肤浅，甚至会犯以貌取人之错。食事之雅，我觉得更应该凭借对待食物的态度。有些人经常出入高档会所，天天吃的是山珍海味、燕翅鲍参，吃相文雅，风度翩翩，美食也精雕细琢，很有画面感，简直让人称羡不已，这是不是就很文雅了呢？我看也未必。有些人吃得好，却未必懂得食物之妙，享受食物的乐趣。

我有一个朋友，曹明求先生，是一个著名的画家，他但凡出去写生回来，笔下拾得妙品，就会相邀我到他那里吃饭赏画。接到邀约，即或我有其他事务，也会通通推掉

欣然前往。他的邀约对我有如此巨大的吸引力，欣赏佳作肯定是原因之一，但更有魔力的是他的美食和他关于美食的故事。在我的印象中，他的生活很简单，写生和美食，对于美食的爱，他从来不掩饰。他的餐桌上，也并非都是山珍海味，更没有鱼翅鲍鱼，都是一些他从各个地方淘来的佳品。吃到每个菜品，他就会讲解一番，比如某个咸菜，是他在某个地方吃到，专门请原"作者"按照他提的一些建议私人定制。他的豆腐乳，是在云南某个乡村发现的，他提供茶油和酒请人定制。他家的土菜，是托乡亲从乡里定期送过来的。凡此种种，每次总会跟我们分享他猎食的奇闻。常常是菜还没有吃到嘴里，就被他的故事馋得云里雾里，吃完以后，又被他的故事在口里绽放出更多的回味。在他家里吃一顿饭，能激发出与他画作相同的美感。除了在家里坐享美食，他在外写生也从不将就，还常以食会友，交了很多朋友。他在西藏写生时，听说有一个餐馆的老板是一个爱好书法的博士开的，生意很好，很有特色，于是动了馋念，前往觅食。没成想，刚上两道菜，却没让他品出菜里的雅致，他便写了个条子，要那个博士老板亲自下厨。博士老板在看到他的字以后，见是行家，果然亲自下厨，满足他的食腹之欲。他的味蕾满足了，博士老板却不干了，非要跟他切磋一下书法。于是两人一来二去，便成了莫逆之交。

　　我还有一个朋友，龚旭东先生，也是一个食家妙人。特别是跟他同席品酒，更是赏心乐事。他只喝黄酒，还不掩藏他对黄酒的喜好。边喝就会边讲黄酒的故事、起源、种类、营养、年份，还有黄酒的气质和人文情怀，当然也少不了他寻找黄酒的故事。听着他的故事，喝着温醇的琼浆，不觉已有微醺之意，他称之为喝酒最佳的境界。食事之雅，我想就是这样，不在于你吃什么，也不在于你怎么吃，而在于你对食物的尊重，你对食物本身的兴趣。对于真正的美食，我们又有多少人能够坐怀不乱，保持优雅。如果他是一个真正的食客，粗俗的吃相反而能体现他的真性情，以及他对食物原初的渴望和尊重。

　　反而我们现在的很多厨师，作为一个制作美食的人，却失去了对食物本身的尊重和兴趣，只把厨艺当作一种商业手段。用低劣的食材，用五花八门的调味品，用精美的外表和馋人的味道，去引诱食客的口腹，骗取食客的腰包。我们美食的制作者都这么粗俗，还何谈美食之雅？我常常说，厨师不仅仅是一份职业，还应该是美的传递者，用神圣的使命感，来满足每一个对美食有渴求和梦想的食客。我们应该保持对食物最初的兴趣，最原始的欲望，探究每一个食材的个性，最终谱出美食的乐章。小到路边小吃，

一尾鱼

大到宴席酒会，我们都应有最起码的尊重。

　　食事之雅，不是装腔作势，不是杂糅些许文化的味精，故作风雅，而是保持食物本身的美，给予它最起码的尊重。

百味传承

随着湘菜浪潮持续而深远的扩散，湘菜在餐位数、市场份额上都开始跃居前列，也渐渐在专业圈内引起了许多热烈的反响，比如最近掀起的拜师热、收徒热。许多餐饮人都希求拜入名门，一来希望自己在技艺上、思维上、资源上都有所斩获，二来也希望为自己光明的前程赢得名门的背书。这其中为徒者，不乏事业有成的总厨、餐饮老板，为师者，更有赫赫有名的餐饮大师。我的一个弟子，前段时间开坛授业，一次收了数名徒弟，还摆了拜师宴，在亲朋好友见证下，行了隆重的收徒仪式，场面热闹，颇有排场。我不好说他太过张扬，一方面我觉得这是好事，证明现在的餐饮人都开始注重技术素养的提升，注重师门的传承，也间接反映了湘菜的兴盛和良好的发展势头。另一方面，我也有些羡慕，在我那个年代，不管拜师，还是收徒，都讲究不起这么大排场。

　　我和恩师石荫祥的师徒之情，开始于同事关系，由单位直接指派，没有过专门的收徒仪式，甚至也没有过专门的指点，只是在平常做事的时候点点滴滴的教导和潜移默化，安排你做很多事，言传身教地告诉你做人做事的道理。有时候他反倒对我有特殊待遇，单位来了重要任务，总把我单独安排工作，他宁愿带着其他同事做事，悉心指导。我那时候不理解，还偶尔心里埋怨他。后来他对我说，志君啊，你是个勤奋好学的人，很多事情都能做得踏实通透，我很信任你，所以才让你去挑起重担，替我独挡一面。况且你是我的徒弟，我应该给你派重活，别人才没有怨言。此时，我才明白他的"师心独到"，也才理解师徒之间的信任和担当。师徒有时候就像父子，无须言说，却彼此托付。他像润物细无声的春雨，慢慢地滋润着你成长、壮大。

　　师徒是修来的缘分，有时毫无征兆，却最终成为你最好的礼物。我与我的国画师父何海霞相识，可以说是一种偶然，或者幸运。上个世纪 80 年代他入住九所宾馆（以下简称九所），我作为他的服务工作人员，陪同接待。他作为一个国画泰斗，对我这种业余国画爱好者来说，根本就没有奢望过能成为他的弟子。因为我懂一点绘画，单位安排我陪同他在湖南四处写生，帮他研墨裁纸，回到蓉园创作，也侍奉左右。他平时也指点一下，边画就边跟我说

绘画的一些经验和方法，虽然有师徒之实，但从未提过收徒之事。有一年，他出访日本后回来，又到访湖南，入住蓉园宾馆。又见到他，我感到很高兴，也迫切希望能得到他的指点，于是把我的画作拿给他看。他认认真真地看了一遍。次日，他突然找到我说，小张，中午我想到你家里吃餐饭。我当时惊讶，老先生怎么突然想到我家里吃饭了，九所、蓉园条件这么好，想吃什么都有，不是更好么？虽然心里讶异，但也只能按照他的吩咐，叫内人在家里张罗买些食材。再说，他能主动说要到我家里吃饭，当然是求之不得的事情。那个时候住宿条件不太好，住在陈家山上的单位宿舍里，没有电梯，要爬 5 层楼。老先生 77 岁的高龄了，中午如约而来，自己一个人爬了 5 层楼，我心里很是感动。中午吃饭的时候，他突然问我，小张，家里有酒吗？我更觉突然，老先生从不喝酒，怎么突然起了兴致？正好我家里备了一点儿从乡下拿来的胡子酒。我说有，然后给他斟了一杯。他端着轻抿了一口，然后对我说，小张，你人很聪敏、勤奋，画也很好。今天来没有别的，就是想收你为徒。我做梦也没有想到，老先生原来是这般打算，我突然福至心灵，双膝一软，跪拜谢师。从此，我与老先生结下了不解的师徒之缘，也在老先生的指导下，开启了我的国画之路。只要有机会到北京，我都会带上我的画作请他指点。他生前我最后一次拿画给他看时，他已经卧病在床不能起身，也不能多说话，但他还是认认真真看完了我的画作，然后竖起大拇指对我说：好！好！用尽他人生最后的力气来鼓励我。

师之爱才，师之培育，师之无私，后来也影响了我的一生。我收徒也参照师父的标准，从爱才、从信任开始，不谋师利，不藏私心，也不管弟子的身份和地位。我的大部分弟子，可能都是工作关系收下的。但也有一两个例外。1988 年我参加第二届全国烹饪大赛，侥幸获得两枚金牌，受到湖南媒体的关注，陆续有些报纸和电视台在报道。有一天，湖南卫视正好到我家做采访，不想正采访中，来了一个不速之客。一个年轻的小伙子，还提着一袋礼物，说是要拜师学艺。问他缘由，原来是在报纸上看到了我夺取金牌的报道，所以慕名而来。年轻小伙子胆子大，也不管认不认识我，会不会答应，反正先上门拜访再说。用他的口气说，我要学就学真功夫，要拜就拜个名师。当时电视台也正好记录了这一段拜师的过程，要是按今天的逻辑，肯定以为我是在外面找了托儿故意来撑场面。我欣赏这个年轻小伙子的勇气和闯劲，于是动了爱才之心，想把他留在身边。他没有什么厨艺基础，但是手工活儿不错，后面跟在我身边把我的食品雕刻学得很好，甚至青出于蓝。热

又一尾鱼

菜、冷拼也很出色，在省市、全国大赛中获得多枚金牌。

无独有偶，1999年的时候，又来了一个莽撞的小伙子。那时我刚从台湾做交流讲座回来，有个小伙子拿着一叠画到单位找到我，说要拜我为师，问可不可以。问他情况，才知道他也是在报纸上看到我在台湾讲座交流的报道慕名而来。那个时候我在台湾做汉代养生菜和国画的文化交流，台湾和湖南很多媒体都有报道。正好这个小伙子以前也是学油画的，觉得跟我学徒最好不过了，不仅可以教他厨艺，还可以指点一下画画。见面中，他请我看了他的画作，一些花卉类的油画作品，还跟我谈了很多他的想法，想创业但是又没有手艺也没有资金，所以首先想学一门手艺在身。最有意思的是，他说很想跟我学，但是没有钱交学费，不知道可不可以。我想，这个孩子心眼倒很实诚，想法也多，又有闯劲。我向来对有梦想、有才艺也很有闯劲的人很欣赏，就答应了收他为徒，安排他到单位的厨房里学徒，有时候也指点下他画画。他后来厨艺倒丢了，但是油画一直在坚持，还开了一家自己的画廊。

我的一生总有不错的师徒缘，不管是师父还是徒弟，都对我的人生有着莫大的帮助。师父在专业上给我指了明路，徒弟则在生活中给予我很多的照顾。所以我觉得师徒是一种修行，超越了一般的关系，它让世间多了一种美好

的情感，相互帮助，却超越利害关系，不含杂质，让人受益一生，不是父子却胜似父子。现今的这股收徒热，它证明了好的传统正在回归，证明了湘菜兴盛指日可待。但是我们也应该有所警惕，现在也有一些拜师收徒行为，被当作名利场，被当作搞派系的手段，打上过分的商业气息，这为纯洁的师徒情谊留下了污点。所以我们应该在收徒热中，保持一份冷静，让师徒之情保持那份美好和纯洁。

"四新"厨师

由于传统观念和历史条件的原因，导致我们厨师队伍大部分文化程度不高。那个时候，都认为厨师是个低下的职业，但凡有好的出路，都不愿意从厨。再加上以前市场经济不发达，街上也没有多少餐馆，甚至那些经常"吃馆子"的人，被认为是游手好闲的败家子，不像现在，出去吃是家常便饭，所以也没有条件吸引更多、更好的人来学厨。那时厨师低下到什么程度呢？我自己就有过切身的体会。在人们的印象中，厨师通常被认为是油腻腻、脏兮兮，不爱卫生的人，形象特别差。尽管我非常注意个人卫生和穿着打扮，工作服都洗得干干净净，穿戴整整齐齐，但出去还是常被人歧视。有次我去机关医院打针，穿着工作服，打针的护士看见我是一名厨师，故意隔老远躬着身子给我打针，生怕挨得太近，一脸的嫌弃，似乎在她眼前的不是人，而是一锅脏兮兮的油水，一不小心就会溅到身上了。

现在时代不同了，市场环境有了翻天覆地的变化，厨师地位有了极大的提高，美食被归入时尚，炒菜也常被人称作厨艺。环境变了，我们的思维方式、工作方式也应该随着时代而改变。不能像以前一样，只知道炒几个菜，而不去学习文化，提升自己。我们应该做一个真正能引领时尚潮流、给人带来美的享受的聪明的餐饮人。

我认为在当下，要做一名优秀的厨师，起码应该是一名"四新"的人。哪"四新"呢？我归纳为"新触觉""新思维""新视野""新概念"。

"新触觉"，就是我们的触觉要灵敏，对美食潮流的改变有一个敏锐的观察力。美食是一个比时装还善变的时尚，人们的嘴被惯坏以后，很容易喜新厌旧。所以，一名优秀的厨师，必须要对美食潮流有准确的判断，适时根据人们的喜好改变味型，寻找新的食材搭配，创造出符合潮流甚至引领潮流的美食。敏锐的触觉既不是天生的，也不需要天才，只需你平常多注意观察，多注意学习，时时刻刻做一个有心人就行了。特别是现在的互联网，为我们提供了掌握资讯、走进每一位食客的渠道。哪里有好吃的，哪里有新鲜的吃法，人们都在期盼什么样的美食，我们应该用我们的作品，适时出现在潮流聚焦的地方。

"新思维"，就是我们思考的方式要变，善于根据当下的条件来规划我们的工作、经营我们的餐厅。现在最深刻的变化是什么？我想应该是互联网。它拉近了时空的距离，改变了人们相处的方式，也改变了人们做生意的方式，网购逐渐成为主流。网上做生意最大的改变是什么？就是生产者和消费者可以直接对话，而不需要中间环节。你做的菜好不好，餐厅的设计好不好，消费者可以直接给你点赞或者给你差评。不光互联网改变了我们的生活，人们通过什么样的渠道去接入互联网也同样正在深刻地改变我们的生活。以前人们都靠电脑来接入互联网，而现在呢，人们主要通过手机上网。互联网也正在从大屏时代向小屏时代转变。小屏时代有什么优势？小屏时代的优势就是你随时随地可以使用互联网，它让互联网变得更加轻便，变得跟空气一样，随时随地都存在。这也就为我们提供了可以直接接触消费者的无限的机会，也就是说，在互联网上，你完全有 100% 的可能找到你所有的消费者。更深刻的改变，是移动支付方式的普遍化，它让消费可以随时随地发生。因此，时代的改变，需要我们用更新的思维去做美食，我们应该变得更开放，更关注消费者的个性需求，更善于利用互联网去跟我们的食客沟通，充分利用互联网方式来让美食便捷化、智能化。有个简单的例子供我们学习。也是一个湖南老乡开发的深度"互联网+"模式。在他的模

跳龙门

式中，餐厅不需要服务员、收银员、点菜员、采购员，这些都通过一套接入互联网的餐厅管理系统来完成。我们可以想象，如果这种模式得到普及，那我们沿用旧模式的笨重的餐厅，怎么跟这个一身轻松的餐厅去进行长跑比赛？所以，新思维要求我们必须要随时代而变，否则，我们就只有等着被时代抛弃。

"新视野"，就是我们要有更加广阔的视野，其一是时空上的视野。从空间上，随着现代交通工具、信息通讯的日益发达，空间距离被无限缩短，有"世界是平的""地球村"这种形象的说法。我们不再像以往一样，人被锁定在一个狭小的地域，走不出去，坐井观天。我们应该利用现代工具去扩展我们的观察范围，从一个市到一个省，再到全国全世界，只要我们愿意去了解和观察，我们都能够很轻易地做到。扩大视野的好处是显而易见的，一来可以更快更准确地掌握行业动向；二来也可以攫取更多的商机，一个地域的市场是有限的，但是放眼到全省、全国，自然留给我们的空间就大得多；三来利于我们做更好的商业规划，着眼于大市场，才能有更好的发展空间，着眼于全国和全球，你的商业规划才能寻找到合适的标杆，而不是以某一个小地方的标准去看待你的事业。从时间上来说，我们要超前于时代去谋划。比如说，1000 元钱的生意和

10000 元钱的生意是不一样的，你的准备、想法、手段都会跟着生意的大小来改变。而随着发展，餐饮市场的总量是在不断增长的。目前是接近 3 万亿元的规模，如果你把眼光往后推移 10 年，按照现在餐饮平均每年的增长率和与发达国家人均餐饮消费的对比，可能 10 年之后我们的餐饮市场将达到 7 万亿元规模。那么你在规划上，就应该有在 7 万亿元规模中去做生意的准备，你要提前预判那个时候的餐饮发展形势，预判人们对美食的要求，对服务品质的要求，就餐形式的要求，最终才能有的放矢，有目标的发展，最终才能在 7 万亿元规模中赢得自己的空间。其二是行业视野。现在是资讯爆炸时代，各种信息、各种科技在迅速发生和传递。有宽广的行业视野，比如机器人的诞生，我们可以借用机器人来做新概念餐厅；比如物联网的发展，我们可以借来做智慧餐饮。拥有宽广的行业视野，我们就能常常先人一步发现商机，创造奇迹，改变生活。

"新概念"，就是我们做美食不能因循守旧，要善于从新的维度、新的概念来看待美食，看待餐饮行业。我们以前开店，大部分是夫妻档，老公炒菜，老婆做服务员。后来发现这样开餐厅很吃力，找不到专业的人来做专业的事，发展缓慢，难以做大。后来开始搭伙做生意，不光是资金上，专业上也都进行搭配，大家一起赚钱，发现这样做生意就容易多了。团队稳固，由于工作到位，生意也红红火火。但即或是这样，在现在这个资本时代，一个团队单凭自己的力量，可能只能满足一个城市、一个地区的市场需求，要想再做大，就需要吸引更多的资本力量。所以，我们现在做美食、做餐饮，要找到一个好的模式、好的概念，做出样板后，能充分吸引大量的资本来进入到我们的生意，不管是众筹，还是天使基金，要想在更大、更宽广的舞台去发展，我们需要更多资金力量、社会力量的参与和支持。

面对日益发展的社会，"四新"也许只是优秀厨师的基本要求，要跟上时代的步伐，还需要我们拥有更强的学习能力和应变能力，拥有更独到的眼光和创意，但是万变不离其宗，就是不忘做美食的初心，把食物真正做出美的味道来。

小业态　大餐饮

常常在我们的意识里，小而羸弱，大则强壮，因此，在我们的日常选择中，通常都倾向于选择大的东西和大的事情，要做就做大事。我们的祖先，也这样告诉我们："羊大为美"，只有大的，才是美的。于是乎，干大事，似乎已经成为我们中国人的行动逻辑。所以中国人通常都只崇拜那些做大事、谋大局的人，崇拜当官的、崇拜大领导，至于对那些做小事、流于琐碎之人，善于精雕细作、精打细算的人，向来瞧不起，古时就把工匠、商人排在九流之末。在我们的餐饮行业中，这样的思维定势和偏见，其实也在很大程度上影响着我们的经营决策。特别是一些有技术、有思路的餐饮人，更容易陷入这种大的自我陶醉之中。热菜凉菜煨菜炖菜样样俱全，恨不得十八般厨艺全部售卖一空。这种大而全的模式真是我们餐饮发展的主流和方向么？我看未必。

　　时代在变化，我们的思维和认识也在逐渐发展、逆转，曾经九流之末的商人，正在社会上呼风唤雨，曾经地位低下的匠人，诸如研究这研究那的这帮人（比如科学家，以前我们根本就没有这一类人），正在以他们的发现和创造改变这个时代。可以说，这个时代是商人和匠人的时代。作为餐饮人，作为靠手艺吃饭的匠人，我们是不是也应该重拾匠人精神，关注琐碎，关注细节，做精做优呢？做大做全没什么不好，这是生活提高、需求旺盛的结果；但是也不应全部跟风，要更多一些沉下心来把一个单品、把一种材料做到极致的餐饮人、餐饮企业。

　　其实小只是相对的，小也可以做得很大，我们身边有很多这种例子。陶华碧能把贵州的风味辣酱老干妈卖到全国甚至全球。肯德基就凭一只鸡打开了全世界人的胃口。看看我们在全国餐饮排在前列的企业，肯德基、麦当劳、小肥羊、小尾羊等，通常都是把单一品类发挥到了极致的超能手。为什么小业态反而更容易成功、更容易变成大餐饮呢？因为小业态有着自己独特的优势。其一是品类单一，更容易标准化。餐饮要发展、要能够快速的扩张，就必须要求制作的工艺、流程、原料都能够有固定的标准，任何人都能够操作，不会换一个师傅变一个味，才能快速地复制和推广到更多的地方。只要定了一套标准，就能用到任

何地方都能适应。其二是更容易做精致。因为通常品类比较少，所以就更容易把某几个品类做到极致，让人吃了忘不了。相比于那些大而全的餐饮，每天需要去开发不同的菜品，每个月、每个季度都要研发不同的口味去满足人们对美味的喜新厌旧，自然就没有更多的精力去把一个产品做细、做透、做到极致，一是时间不允许、二是成本不允许。其三是品类少，原材料更容易控制。只烹饪有限数量的菜品，就只对有限的原材料有需求，所以也就更容易找到原材料的进货渠道，也更容易把控原材料的质量，稳定菜品的质量。所以小业态能够凭借自身品类单一、标准精制、快速复制、易于管理等半工业化的方式快速扩张，成就大市场。

其实，餐饮市场的小型化、多样化、精细化，也是社会发展、生活提高的必然要求和标志。人们吃饱了，自然想要吃得更好，对食物的制作、用料就越考究，不光口味要地道，看起来形态还要很精致，甚至对同一种食物发展出多种不同的吃法。而餐饮工作者的精力是有限的，再好的厨师，也不可能把所有的菜品都做到最好，这就要求更多的厨师只要把某一种、某一类食物制作得很好就够了，只要你的东西在同类中是标杆、比别人的都好，哪怕小到是一份鸡爪、一个土豆饼，都会有人千里迢迢来买单。记得在上个世纪 90 年代的时候，我指导弟弟在外面投资了一个小餐馆。店里的土豆饼、红烧猪手因制作精良、口味独特，受到了很多食客的喜爱，经常有人驱车一二十公里专程来打包这两个单品，门前待购食客排起长龙。

更让我觉得小食物大有可为的是台湾餐饮对我的启发。1998 年我受邀到台湾做烹饪和艺术的文化交流，以我自创的西汉龙锅为代表的汉代养生菜系与台湾的饮食文化进行交流和沟通，在台湾多个地方边做考察，边做巡回讲座。在我的考察中，发现台湾饮食有个很独特的现象，很多铺面制作一样食物，但是做得很精致，有很独特的风味，不像我们现在这样，一个摊位和排挡，几乎什么都做。台湾厨师们对饮食的这种专注精神、精雕细琢的匠人精神，也令台湾小吃享誉全球。

多年后，2012 年我又到日本去做文化交流，发现日本餐饮与我国台湾也非常相似，很多食肆都很小，铺面不大，食物的种类不多，但是提供的食物很精良，让人一吃难忘，这才有了即或一碗面、一盒寿司要卖一百多元而食客却依然趋之若鹜的底气。

食物是用来吃的，而不是用来炫耀的。在十八大后，中国人求多求大的炫耀式吃法正在逐渐回归理性和平实，我们也应该像我国台湾和日本一样，吃得少一点、好一点、

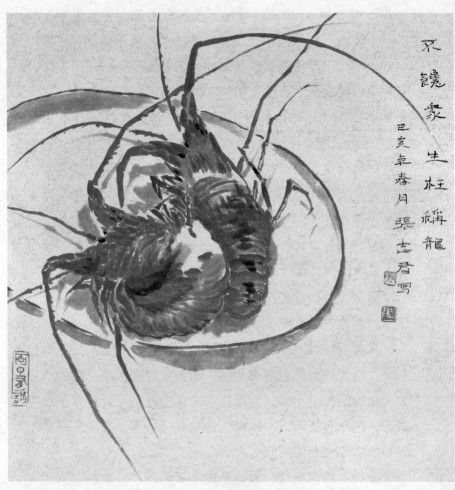

生枉称龙

精致一点、内敛一点，这不仅有利于提高我们的生活品质，更是关乎我们健康的大事。我想，随着我们经济条件的日益改善，吃得日益精细肯定是我们未来的趋势。然而我们制作食物的理念却还没有跟上来，先一波的以低价、概念新奇、环境时尚却菜品粗糙的时尚餐饮的泡沫正在消退，而大众餐饮的菜品却日益同质化，相互抄袭、相互跟风，最终没有制作出令人味蕾绽放的精致美食，没有为食客提供更多的选择，没有丰富人们的就餐体验，最终是一个品牌火了几年就消失不见，没有留下让人回味的经典。所以我们更应该顺应时代的呼唤，多一些勇敢的厨师和餐饮从业人员，来坚守厨艺的匠人精神，敢于把食物做小、做精、做细、做到极致，让我们能吃到更美味、更健康、更营养的食物。况且，把食物做小了，不一定会失掉大生意，也许反而能赢得更好的发展机遇，何乐而不为呢？

从文化到生活的变迁
——看中国餐饮的发展趋势

在食物如此丰富的时代，人们单纯因填饱肚子而走进一个餐厅的想法正在加速消失。人们对食物的认知，早已褪去它的生存色彩，餐饮活动正在成为人们勾勒、描绘、确认自己生活维度的行为坐标。人生百相，吃相最关乎人的本性。吃什么？怎么吃？在哪里吃？这些都成为人们表现自我、彰显个性、体现身份与品位的价值思考。餐饮就好像一个百变的魔方，尽情演绎着人们的喜怒哀乐，在传统与现代、民俗与时尚、文化与生活之间寻找发展的轨迹，构筑人们生活的世界。

传统与现代

传统是事物与事件演变的历史性归纳，它更关注过去与沉淀。

现代是事物与事件发展的理性思考，它更关注当下、未来与人性。

作为中国餐饮来说，似乎传统一直占据着主导的地位。我们发现几乎没有哪个民族能像中国人的祖先那样，在自己的饮食生活中倾注了如此多的注意力，有如此深刻的理解、如此辉煌独特的创造。孙中山先生在其《建国方略》一书中说："中国近代文明进化，事事皆落人之后，惟饮食一道之进步，至今尚为各国所不及。"也就是说，中华民族的历史文化，有更为鲜明和典型的"饮食色彩"。中华民族文化的这种"饮食色彩"不仅表现在餐桌上，而且表现在中国人饮食生活的全部过程之中，更表现在他们对自己饮食生活、饮食文化的深刻思考与积极创造、孜孜探索中。在中国的历史中，"民以食为天"是颠扑不破的真理，食是最重要不过的，如俗谚所云："人生万事，吃饭第一。"不仅位序第一，还是最重要、最基本的生活内容："开门七件事，柴米油盐酱醋茶。"件件都与饮食有关。庶民百姓的人生如此，国家管理者的大政亦本于此："八政：一曰食……"国家大事千头万绪，搞好民食是第一项大政。几千年来，老百姓耕种、收获、吃饭，吃得饱就是"太平盛世"，吃不饱便来一场"革命"。历朝历代，兴也是因为"吃"，亡也是因为"吃"。"吃"成了中国改朝换代

最直接、最普遍、最根本的原动力与导火线。正是由于从上至下对饮食活动的如此重视，中国人对食投入了大量精力，从色、香、味、形等方面展现了天才般的创作力，但凡能食者，中国人皆入食。但也由于过于现实主义的思考，也使中国人在食物之外的思考则关注不足，对于餐饮文化的立体构造漠不关心，对于用饮食活动营造不同的生活方式缺乏延展性的探索。以至于时至今日，中国美食所创造的餐饮形式仍显单调，基本上找不到圆桌之外的其他餐饮形式。而对于餐饮空间的立体营造，更是缺乏专门研究。这样的餐饮传统在中国数千年的历史中不断延续和强化，直至到上世纪80年代因文化热潮而提出餐饮文化的时候，人们一度认为，餐饮文化就是传统、就是历史，而不是当下的生活。但凡一个餐厅要标榜文化餐饮，总是于历史中寻找文化的素材，并附加于美食之上。这种餐饮文化，不是人们当下生活方式、生存状态的反应。这种寻根式的餐饮文化活动，一直持续到本世纪，才开始逐渐有了现代性探索。

中国餐饮文化的现代性也获益于与西方餐饮文化的交流。由于有了与外界的交流，中国餐饮有了更多的餐饮形式，有了更丰富多彩的餐饮空间，有了更多当下人群生活方式、价值观、人性和社会发展的关注。有了这种现代性的思考，中国餐饮人才发现，餐饮文化并不是只存在于传统中，而更多的，是存在于生活中，它应当更多的包含时下人们的情感体验、哲学思考以及科技运用。从关注历史到关注人性，关注当下和未来，中国餐饮才开始从传统中解放出来，朝着更加多姿多彩的方向发展。

民俗与时尚

饮食文化归根结底，是一种民俗文化，它与一个地域、民族的地理环境、文化传统、生活习惯、宗教信仰密切相关。民俗性，是餐饮文化的根本属性。正因为餐饮文化的民俗性，中国餐饮才出现了截然不同的各种菜系。这种基于民俗性的发展，在中国餐饮的发展中，一直是处于主流的位置。在中国的任何地方，不管乡村乡镇，还是现代化的大都市，我们都能看见各种以民俗为标榜的餐厅，有川菜馆的麻辣、湘菜馆的鲜辣、东北菜馆的豪放、官府菜馆的精致，有苗家风情、布依民俗、侗家风味等，这些不同民俗风情的餐饮文化，就组成了中国餐饮的文化图谱。

然而民俗的，毕竟是传统的、历史的归纳总结，它与创造无关，与潮流无关，与习惯有关。民俗餐饮提供给人们的，是选择而不是体验。在交流日益密切的现代社会，当一个民俗对另一个民俗失去新鲜感的时候，民俗就只是

习惯的差异了，不再是一种生活的情趣。因此，中国餐饮民俗性的发展趋势，随着中国社会的蓬勃发展，开始朝着大融合、生活化、体验化、时尚化发展。随着人们交往的普遍性越来越广，以地域、民族为划分的民俗餐饮显露了它的缺点和局限性，不再能满足人们的大众情感需求，于是出现了菜系的融合，出现了新的创造，出现了博采众长的新概念菜肴，出现了"中国菜馆"。有了新的创造，必然就会有新的潮流、新的时尚。

时尚和潮流是当下的、未来的。不管是哪一种时尚，它必须是能满足大众情感需求的事物，它是超前而又具有广泛适应性的。时尚不再以关注人们的习惯为主，而关注人们的当下需求为主，关注人们的心理变化和文化品位以及人们的时代属性。通过针对不同人群特点进行针对性的开发，将具有相同爱好、身份地位的人们聚集在不同的餐饮文化主题之下，进而形成了新的饮食时尚。于是，活跃在餐饮时尚前沿的，不再是清一色的民俗餐饮，而是不同文化内涵的饮食空间，追求进食的环境"场景化""情绪化"，从而能更好地满足他们的感性需求，力图营造出各具特色的、吸引人的种种情调。或新奇别致，或温馨浪漫，或清静高雅，或热闹刺激，或富丽堂皇，或小巧玲珑；有的展现都市风物，有的炫示乡村风情，有中式风格的，也

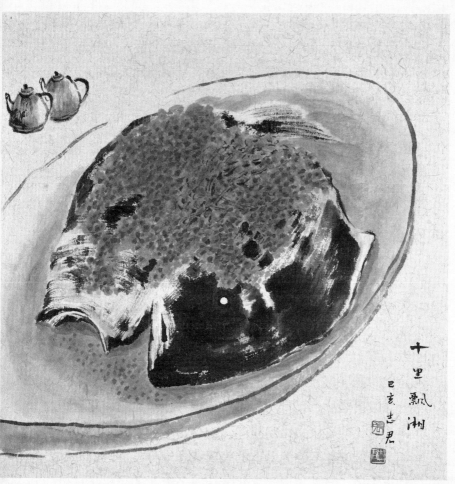

十里飘"湘"

有西式风情的，更有中西合壁的。从美食环境到极富浪漫色彩的店名、菜名，使你能在大快朵颐之际，烘托起千古风流的雅兴和一派温馨的人和之情，以不同人群的需求构筑着不同的生活方式和生活格调。

从民俗化到时尚化的转变，使中国餐饮开始摆脱固有思维的束缚，朝着更加多样化的方向发展，开启着一个百花齐放的真正属于中国餐饮的盛世。而这种转变，才刚刚开始。

文化与生活

文化是沉淀的结晶，生活是流动的文化。我们无法为文化与生活寻找一个确切的辩证关系，即或文化包罗万象，也只有融入生活的文化才是鲜活的。这种意识在中国餐饮经历数千年的发展以后，随着中国餐饮现代性的启蒙和时尚化的发展，在中国餐饮文化经历的初期为文化而文化的懵懂时期之后，正试图着将文化融入生活，进而营造随时代而变化的餐饮文化空间。

餐饮文化的语境营造的表现意念十分丰富，社会风俗，风土人情，自然历史、文化传统等各方面的题材都是设计构思的源泉。从人的社会文化属性来看，餐饮的过程总是与人们的观念文化相关联，人们都希望在一个与自己心理与情感特征相吻合的环境中用餐。通过一定的设计理念营造出某种氛围，是餐饮文化语言语境体现的重要特征，糅合了人们的文化观念，它与社会文化、地域文化、人们环境心理意识以及环境的内在目的紧密相连。随着餐饮文化空间的性质和类型的改变，随着人们个性要求的改变，环境气氛的要求也会随之改变。无论是轻松活泼的酒吧，还是富丽明亮的餐厅，餐饮环境的语境形成总是与场所的性质联系在一起。由于人们在长期生活中的经验积累，对事物的知觉具有一定的恒常性，人们总是按生活的经验来估计相应的气氛，这为语境形成提供了心理依据。从而使人产生"移情"，进而产生形象与感情的连锁反应。这种将文化向生活逐层进行深入渗透的餐饮发展趋势，正为中国餐饮开创了一个崭新的时代。

"互联网+"时代的中式快餐

很多人说，我们餐饮人处在一个最幸福的时代，因为现在餐饮业是我国除房地产和汽车行业外最大的单一市场，市场规模达到近3万亿元。餐饮人不光在这个潮流中赚得盆满钵满，而且社会地位也获得了大幅的提升。厨师不再是伙夫，而是一份令人羡慕的时尚且高收入的职业。

而我们餐饮人却总在说，这是一个残酷的时代，餐饮店铺天盖地，一家一家地开，争得头破血流，永无休止，惨烈程度可以用"血流成河"来形容。一些定位模糊、经营不当的餐厅，甚至存活不过半年。就算一些初具规模的餐厅，也常常两三年内就被市场淘汰。这些真实的写照，我们身边随处可见。比如我的一个弟子，在他的对面来了一个在长沙鼎鼎有名的团队，要开一家新餐厅，规模比他大，装修比他好，且菜品也在同一个水准。在这家新餐厅筹建快要接近尾声的那段时间里，我这个弟子甚至到了夜不能寐的地步，他害怕新开的餐厅抢走他的市场，把他淘汰出局。所以那段时间里，他天天要我们帮他出谋划策，怎么赢得主动权。那家餐厅开业半年后，却成了另外一番光景，由于定位不当，菜品与价格又与我弟子的餐厅拉不开差距，同质化严重，缺少足够的吸引力把客人从我弟子的餐厅分流过去，导致经营不下去，不得已只得放弃，寻找下一个接盘手。这种直接的、面对面的竞争，残酷得血淋淋，却是普遍的事实。这也给我们一个启示，我们不能总用旧眼光、旧思维来看待变化的环境和市场，不能大家都挤在一块田里耕种，最后大家都没有饭吃。我们应当拓宽眼界，放眼那些尚未开垦的荒地，来提升整个行业的生存空间，寻找竞争中的处女地。

在我看来，相较于大众餐饮，快餐可能是一个更有潜力的市场，是一块更利于耕种的土地。我的判断主要基于中式餐饮目前尚属于典型的初级市场，无品牌、无集中、无秩序。为什么说中式快餐属于初级市场？第一，中式快餐虽然满街都是，但是形成品牌的很少，大多是小门面、小排挡，品牌意识尚处于起步阶段。第二，整个中式快餐市场处于最原始的无序竞争状态，尚未出现一个品牌在某一区域快餐市场占据10%以上的品牌。反观洋快餐，品牌集中则是主旋律，几乎80%的市场份额都被肯德基、

麦当劳、必胜客等占有。从市场发展角度来看，这种长期无序的状态也是极不正常的。随着中国经济的腾飞，城市生活节奏日益加快，以满足人们基本一日三餐需求为主的快餐需求量必定会越来越大。目前我国人均年快餐消费为63.7 美元，与美国、加拿大 600 美元的人均年消费相差了差不多 10 倍。以未来 10 年中国餐饮市场总量 6 万亿元计算，按照目前快餐大概占到总量的 1/3 强、处于绝对龙头计算，市场总量将达到 2 万亿元。在这么庞大的市场中，容纳了数以百万计的小鱼小虾，却没有一只大鱼，这显然是违反经济规律的。我们都知道，任何成熟市场，都是大鱼吃小鱼后，最终由不到 20% 的品牌来控制 80% 的市场。因此，我有理由相信，在中式快餐走向成熟市场的过程中，我们将获得足够多的发展机会，甚至涌现出一大批优秀甚至伟大的中式快餐企业。作为现在最主流的菜系之一，湘菜也应该在这个潮流中大展拳脚，挖掘机会，而不是都挤到同质化的竞争中去。

那么，在"互联网+"时代，我们如何去把快餐做好呢？

快餐，是一个伴随着改革开放而诞生的名词，是一个泊来的生活习惯，特别是受美国的影响深远。最初出现在广东、深圳等沿海发达地区。因为这些地方经济发展起来后，人们的生活节奏加快了，流动人口增多，分工更明确了，于是就出现了一些专门的餐饮店子，来解决那些没有时间做饭或没有条件做饭的人们的吃饭问题。从快餐的发展和功能来看，主要的特点就是"快"，口味和营养是次要的。但是快餐发展到今天，快虽然仍然是核心，但是口味、品质、营养也成了关键因素。如何快得有特色、有品位、有味觉，是今天中式快餐应该考虑的主要问题。我的观点是："正餐小型化、制作精致化、渠道网络化、运营品牌化。"

所谓"正餐小型化"，就是把复杂的东西做简单，让很丰富或者说让看起来很复杂的菜品变得简单，让消费者一看就能明白菜品是什么，能吃到什么。而小型化以后，我们把丰富的菜品进行合理的组合，以套餐化的形式呈现在消费者面前，不但方便消费者点餐，提高了消费者的就餐体验，让他们觉得吃得丰富、吃得营养，而且通过套餐化提高了菜品的价值。

所谓"制作精致化"，就是提高快餐的品质感，提供快餐的制作精度。有很多人说，快餐的消费水平只有那么多，你还要去做得很精致、很上档次，从成本上来说可能不允许。我提供一种做法以供参考，就是"星级菜品快餐化"。我们在星级餐厅都吃过分餐制的宴席，把一份菜按人数分成一小份，每人上一份，在餐具和装盘上下些功夫，看起来很精致，又上档次，客人们吃起来也很方便。一份

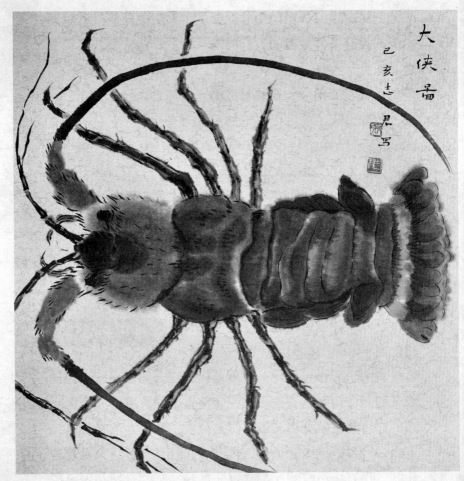

大虾

菜分成很多份，实际上算下来，也没有多少成本。这种模式借用到快餐上来，我觉得完全可行。我把主菜份量控制一下，在餐具和装盘上考究一点儿，然后配上丰富的配菜，配合良好的就餐氛围，我想客人的感觉一定不会感觉到仅仅是吃了一份快餐。只是要求我们在标准化和菜品形象设计上要多下一点功夫。

所谓"渠道网络化"，就是借助网络O2O的东风，充分利用网络渠道来销售快餐。网络外卖市场潜力巨大，百度、淘宝、腾讯在内的互联网大鳄纷纷投身其中。与发达国家相比，我国外卖占比仅为6%，而发达国家在30%左右，增长潜力巨大。随着智能手机的普及、懒人经济的发展等，在线化率会快速增长，未来在线外卖市场大概有2200亿元的规模，中式快餐按照目前的比例来计算可以达到64%。在未来，我们甚至可以设想这样一种场景，快餐门店可能只是一个窗口和网络中的虚拟节点，将不会有人到门店中去就餐，而所有的交易都发生在网络上。除了销售可以借助网络，品牌推广和营销也可以围绕网络来做文章，充分利用微信、自媒体等平台传播品牌文化，培养粉丝经济。

所谓"运营品牌化"，就是要以打造品牌为核心进行市场扩张。互联网是一个充分开放和透明的平台，网民在

网络上有着更加自由的选择权。在网络中，靠什么赢得消费者的信赖？答案只有一个，那就是强有力的品牌影响力。在一个充分自由的环境中，一个口碑好、形象好的品牌，将对人们的抉择产生决定性的影响。

当然，任何一块市场，都不是一蹴而就的，除了眼光和勇气，我们还应该有循序发展的理性思维。

首先，要先做区域领头羊。中国由于幅员辽阔，民族众多，餐饮习惯也丰富多样，要在这样一个庞大的市场中形成品牌集中，难度太大，因此我们应该退而求其次，在某个区域市场争做领头羊。

市场区域大，形成了饮食结构、饮食文化的差异，比方说北方爱吃面，南方要吃米饭，西部要辣的，东部喜欢鲜的，正所谓众口难调，这给品牌集中带来了一个难题；市场结构跨度大，形成了不同地区乃至同一地区消费者消费能力的差异，宽泛地说，上海与新疆的整体消费能力肯定有差异，而这种差异给品牌带来的就是价格定位的困惑。可以这样说，因为市场大，中式快餐品类存在规模发展的机会，但同样是因为市场大，也给中式快餐品牌带来了成长的困惑。

我们在做产品规划的时候，不能贪大求全，要充分了解本地需求，把自己擅长的菜品、有竞争力的产品作为核心产品，这样才能做到在自己熟悉的领地中捍卫自己的霸主地位。

其次，要把品牌穿上文化的外衣。在中国乃至世界，餐饮一直都是与文化结合的，肯德基在中国的成功，很大程度上也要归功于其宣扬的品牌文化打动了消费者，麦当劳同样也充分运用了其"快乐"文化来感染消费者。我们可以说，餐饮的竞争，归根结底是文化的竞争，因为饮食本生就是最世俗的文化。

中国文化博大精深，餐饮文化更是数千年绵延，中国文化必然是中式快餐最好的品牌温床。近年来，随着中国经济的快速发展和国际地位的提升，全球范围内不断涌现中国热，中国文化元素正在受到越来越多人的追捧。比如NBA明星身上的中文纹身、好莱坞电影的东方仙境和大熊猫、国际T台上的旗袍以及东方脸蛋、国际收藏中的中国书画和陶瓷。好莱坞运用大熊猫的形象制作的《功夫熊猫》就出了3部，风靡全球，这就证明了中国文化的影响力。连一帮外国人都在研究和运用中国元素来赚钱，作为中式快餐，更应该挖掘符合自己品牌定位的文化元素来武装品牌，用中国文化去激发食客的味蕾，去感染食客的心灵。

最后，要利用好资本的力量。好的餐饮概念和模式，还得借助资本的东风才能快速扩张。我们通常讲营销有三

个方面的成本，时间、空间、金钱，这三者是任何一个品牌必须克服的成本因素，而这其中，空间成本已经成为现阶段限制快餐品牌规模成长的最大因素。你只有不断地开店才能让你的品牌快速升值，但在商业不断成熟的阶段，空间资源已经稀缺了，而且这种情况会愈发严重。如何克服空间资源稀缺的限制呢？唯一有效的办法就是利用好资本的力量。

　　资本的力量在空间资源匮乏的今天显得异常耀眼，一旦你的中式快餐品牌获得了资本的垂青，那千万可别错过了。

走向成熟的成都餐饮文化（一）

同为川菜之荟集和代表，有人评价重庆和成都两地川菜之特色时，认为前者粗犷豪放，后者则温柔婉约，于心有切切焉。游走在山城温柔的夜色之中，总能闻到扑鼻而来的火锅香味，其粗砺热辣之姿自不言自明。然而在成都，就算你到了大名鼎鼎的琴台狮子楼火锅城，也不会闻到火锅香味满厅堂，成都的餐饮就是这么精致，精致到内敛，好吃，而不食人间烟火。记得送仙桥旁有一个不错的餐吧，餐厅分为室内和室外，但没有设置视觉上的障碍，只以紫色的轻纱略为遮掩，自由和轻松写意的气氛浓烈，你坐在里面，就成了一道风景——你在借人成景的同时，别人也以你为装点。这里的经营者还告诉我说，他们这里没有正宗川菜，会根据这里的氛围来设计菜品，让顾客吃了，觉得只应该是在这种环境下，在此时、此地才应该有的菜品，绝不会让顾客感觉菜品不协调。成都美食的温婉，正来自

成都人这种对美食中美的追求，对餐饮之外文化与情韵的崇尚。离开成都的前一天晚上，朋友在狮子楼为我们送行宴请，当宴席正酣的时候，狮子楼的老总到包厢打招呼，经介绍得知该君竟是京剧票友高手，于是我们摆出一副洗耳恭听、急于欣赏的表情。在我们的要求下，此君豪爽地答应了，清清嗓子，就悠悠扬扬、嘹嘹亮亮地开唱了，其神态，其表情，其字正腔圆竟不亚于专业演员，不禁令我们鼓掌称羡。宴席渐渐到了尾声，随着肠胃的消化、随着味蕾的满足与麻木，对火锅之香已渐不知味，唯余歌声仍萦绕于耳际，伴着酒兴，已忘了分离的感伤。成都的餐饮，就像狮子楼的火锅，就像琴台、锦里的街道，还有新开辟的黄中大道"一品天下"美食街，都沐浴在汉风汉韵里，在刻意或随意的装点之下，总是那么斑斓。在成都，像狮子楼这样的文化餐饮数不胜数，皆打着自己独特的饮食文化旗号，几乎每一家餐饮公司都注册为"xx餐饮文化公司"，像红杏酒家的古典与现代的融合，像大蓉和的精致却不拘一格，像银杏的中西合璧，像巴国布衣的川西民族风情等，都是成都叫得响亮的文化餐饮。

其实成都的餐饮文化还表现在成都的小吃上，其名目众多，特色鲜明，比如三大炮、担担面、钟水饺、龙抄手、棒棒鸡等。在我们的眼里，小吃应该是最简单、最便宜的食品了，然而成都人却不会让你这么简单地去享受它们，非得绕个弯子，弄出点名堂、弄出点文化来，不会让你简单地吃了就顺便地忘了。湖南的麻打滚而成都叫三大炮，三大炮在成都是响当当的小吃，不光因为它名气大，还因为它本身就响。在锦里的侧街上我曾经见过，虽然没有坐下来品尝，但其热闹的场面依然记忆犹新。当时，但见一群人围在那里，不时发出"碰、碰、碰"的声响，如炮声然，还以为是什么希奇的事物，莫不是在耍杂技？凑过去一看，原来是在做小吃，那就是三大炮。这里有一段描写三大炮的网文，发来给大家分享分享："一张木板上，摆着12个铜盘，两两相叠，分行排。木板下面放着一口热气腾腾的大铁锅，里面装着煮好、又用木槌舂茸的糯米饭。一个身强力壮的汉子，不断地从锅里扯出一把糯米饭糍糅粑，分摘三坨，有节奏地打钭出来。糍粑从木板中弹跳而过，跃进放于木板上方的装有黄豆面的簸箕内，发出'碰、碰、碰'三响，如炮声然。然后从簸箕内把糍粑团每三个拣为一盘，浇上红糖，撒上芝麻，即为'三大炮'名小吃了。"难怪被资深食客评价："世界真奇妙，不看不知道。成都竟然有这样具有生命力的小吃！真是让人大开眼界！"

　　另外，成都餐饮文化斑斓多姿，在其受道教文化的影响和吸收上也有一定的体现，崇尚"自然""无为"的道

教影响深刻。成都人会吃、会玩，举国闻名，"休闲之都"并非浪得虚名，常可见街头成都人，泡一好茶，细细品茗，其悠然自得，直叫外人羡慕和嫉妒。川菜味麻辣却能养生，很多人百思不得其解。有人分析，成都女子容貌身材之所以令人叫羡，和这里的餐饮有重大的关系。其实，透过简单的生活现象，我们不难发现有一种文化在成都餐饮中的影响，那就是道教文化。四川人喜欢品茶，整个成都弥漫着袅袅茶香，而茶文化深受道家文化的影响，中国茶道吸收了儒、佛、道三家的思想精华。佛教强调"禅茶一味"以茶助禅，以茶礼佛，在从茶中体味苦寂的同时，也在茶道中注入佛理禅机，这对茶人以茶道为修身养性的途径，借以达到明心见性的目的有好处。而道家的学说则为茶人的茶道注入了"天人和一"的哲学思想，树立了茶道的灵魂。同时，还提供了崇尚自然，崇尚朴素，崇尚真的美学理念和重生、贵生、养生的思想，道家认为"以茶可行道"，喝茶讲究尊人厚生，道法自然。茶是餐饮的一部分，茶文化如此，餐饮文化自然也不例外，道家在餐饮上都主要以素食为主，重朴素，味清淡，以养生和追求健康为目的。说到这里，有人就纳闷了，川菜麻辣和宗教饮食清淡大相径庭，怎能说成都的餐饮文化受道家的影响呢？其实不然，成都人追求的不是简单的味，而是既饱口福又保身体，在湿热和湿寒的地理环境中通过吃浓烈的食物发汗、排毒、达到养生的目的，是一种"一生二"味的辩证综合。《道德经》云："知长容，容乃公"，也就是说，成都人对于宗教饮食文化的吸收，已经不再停留在简单的器皿、菜品上，而是不求形只求意，将道教的文化内涵理解并融入到餐饮之中，追求一种和谐。太极之道，刚中有柔，柔中济刚，讲究阴阳调和，道教饮食清淡而川味麻辣，是对"我命在我不在天"的诠释，知其一味而实有两味，体现的正是道家文化的精髓。另外，东汉末年，道教创始人张道陵在成都青城山设坛传教，逐渐发展成道教胜地，是我国道教发祥地之一，其长生、养生的教义塑造了成都人对饮食精神的追求。作为一个移民城市，"无为而无不为"的道家思想给成都人留下了深刻的印象。道家对生命的热爱，对永恒的追求，都反映在其饮食中，有将近一半的成都人都有逍遥游的理想，不受传统儒家礼仪的束缚，所以成都的餐饮文化不受其他约束，显得异彩纷呈。餐饮经理人和相当一部分厨师也善于修身养性，潜心研究川菜技术和川菜的餐饮文化，并将其推陈出新，广泛传播。近年来，成都热情举行了各种形式的道家餐饮文化节，推出道家长生宴，此有一段记载文字可见之一二："道家长生宴是四川省都江堰市青城山的独特养生食品，设计制作者抓住当地

是晋代道教首领、养生大师范长生故居的历史文化资源，在四川大学中医研究专家、烹饪大师的指导下，将丰富的道家养生文化内涵、历史典故等融入川菜，开发了道家长生宴：（1）太极豆花；（2）长生液；（3）南瓜红枣粥；（4）葵菜羹；（5）炸百草香叶；（6）仙粟肘子；（7）龟蛇庆寿；（8）银杏葫芦；（9）凤珠献寿；（10）宫观豆腐；（11）八宝葫芦鸭；（12）川穹锅贴；（13）阴阳汤圆；（14）百寿龙眼；（15）千层野菜饼。"从这段文字中我们可以看出，其用料丰富可见成都物产富饶，其用料和其他川菜并无二致，可见成都餐饮对文化的把握之灵活。道教认为人是秉天地之气而生，故注重食疗和养生，对于食料的运用和配合、烹调技巧以及对火候的掌控上有其独到之处，丰富了成都的餐饮文化。可以说，成都这个现代城市，比较好地理解了道教的教义，道教是以《道德经》的思想为主要教义，倡导尊道贵德、重生贵和、抱朴守真、清静无为、慈俭不争和性命双修。道教认为"修道"可以使人返本还原，长生久安，生活康乐，因而以生为乐、重生恶死，这种种教义影响到成都人的日常行为、生活习惯和处世态度，体现在餐饮上也就更加追求一种内敛、含蓄，一种由内而发的力量。这也是比较重庆和成都两地川菜之特色时，认为前者粗犷豪放，后者则温柔婉约，精致

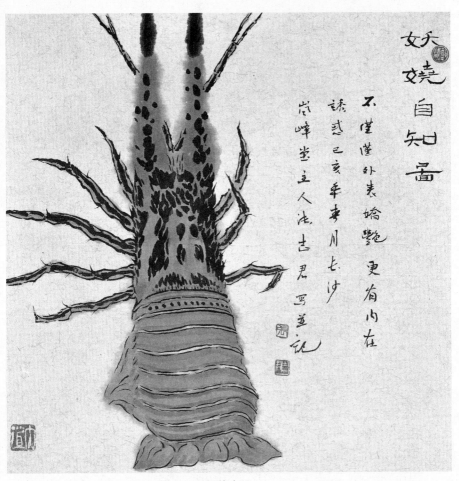

妖娆自知

到内敛，好吃，而不食人间烟火的原因之一。道教中有诸多养生的论著，如《养生论》（抱朴子）、《养性延命录》（陶弘景）、《摄生消息论》（丘处机）、《太上老君养生诀》《彭祖摄生养性论》等，这些养生论著的本身以及延伸下来的思想在成都有一定的影响，其中以抱朴子《养生论》影响最大。这种养生的思想被成都人吸收并利用，丰富了成都餐饮文化以及玄妙之感。街头上，酷暑中，食客们光着膀子，踏着鞋帮子，摇着扇子，围着小桌子，吭着小调子，吃着浓烈的火锅，小杯品茶，大碗喝酒，真是妙不可言。在他们的大汗淋漓中，我们似乎俨然看到成都餐饮"以其不争，故天下莫能与之争"的境界。

当我们沉醉在成都餐饮文化的迷离、斑斓之中的时候，我们会发现，这种对餐饮文化的崇尚并不仅仅来自于民间，政府对这方面的支持、引导与规划也是强有力的。成都市政府打出的口号是，要把成都打造成为中国的休闲之都、美食之都，其表态是坚决和响亮的。我们来看看，成都是怎么用此口号来塑造和改变成都的。在中国，要认识一个城市是困难的，除了北京天安门作为一种城市的标志外，中国的城市群给人的都是一个模糊的影象：林立的高楼、宽阔的大道和川流不息的车流，都是一种跟风过后的平庸。当我们以上海浦东作为中国人的骄傲，作为中国人建设能力的明证的时候，却没有发现，正是在这种号召之下，中国的城市已经陷入了一个平面般的单调模式，没有层次，没有棱角，没有特色，更谈不上区域和民俗特色了。当我们刚走进成都的时候，这种模糊印象依然强烈，甚至街道还有点凌乱，一种失望的情绪随着昏黄的夜色袭击着我们，一直持续到我们参观琴台。琴台是一条以美食、娱乐、购物为主的仿古休闲街道。古雅的建筑飘飞酒旗，在这里我们才可以见到天府之国的风韵和以往的繁华，在这里，才能感受到成都的温情与浪漫。还有武侯祠旁的锦里，夜晚红灯笼高挂，随风摇摆；久别的更鼓声，唱出先民的风情；以及街道上琳琅的美食、茶肆，古雅的陶瓷和古玩，这些都展现着成都的温雅与浪漫。以及正在规划的"一品天下"美食街，古雅而又时尚，也正在成为成都新的亮点。这几条街道都是成都以美食和休闲的名义整体规划和打造的，已经成了成都的表情，是成都留给游客的记忆，是成都的城市符号。

成都的餐饮文化确实是斑斓多姿的，然而当我们仔细考察成都的历史与人文之时，发现这也不值得大惊小怪。天府之国，肥沃的川西坝子，自古成都皆为富庶之地，为兵家之必争，其生态环境自是得天独厚，人文的发展也悠远灿烂。古诗有证："水渌天青不起尘，风光和暖胜三秦"，

这说的是成都美丽的生态环境；"诗人自古例到蜀，文宗自古出巴蜀"，这说的是成都人文的灿烂历史。好佛，有峨眉，好道，有青城，好文，则有杜甫草堂；亲水，锦江中浣足，亲山，青城里闻鸟鸣啁啾。在如此丰富深厚的文化熏陶之下，人不好文怕也难。

天府之国，一种尊崇的自称；杜甫，也历来被视为诗家之正宗。应该来说，在高雅的自视以及高雅文化的熏陶下，成都应该是一个典型的以崇尚严肃文化为主流的都市，而休闲与餐饮文化的出现，多少受道教文化的影响。同时，我想这可能与成都的移民也有一定的关系吧。

成都是个移民城市，追溯到三代、四代以上，成都现在基本上95%的居民都是外来户。成都总共经历了四次移民大浪潮，第一次出现在清朝顺治末年到康熙年间，也是最著名的一次，史称"湖广填四川"。这是经太子太保、四川巡抚李国英奏准，"招两湖两粤、闽黔之民实东西川，耕于野；集江左右、关内外、陕东西山左右之民，藏于市"。湖广填四川使四川又人丁兴旺起来，不仅生产得以恢复，移民还带来了不同地域的文化和生活方式。

第二次移民浪潮出现在抗战期间和解放战争后期的干部南下。在抗战时期，北京27所大学迁来成都，成都的华西坝一时名人荟萃，成了大后方的文化中心。

第三次移民浪潮在 20 世纪 50 年代末 60 年代初，大批工厂内迁，被称为"三线建设"。

第四次移民浪潮则发生在改革开放以来至今。

移民带来了移民文化，也带来了新鲜血液，更带来了移民习气和移民性格，这就使成都的文化多了层次，多了内容，多了见解，多了感觉，多了包容。譬如上海人大量移来成都，使成都人身上染上许多上海人的习性，菜肴的口味也发生了一些改变。成都人以前的口味比较粗放、比较刺激，因为上海人的大量涌入，在川菜中增加了许多沪式风味，特别是零食和小吃，做工更加精细和考究，这对川菜的发展是一大贡献。成都有许多东北饺子馆，甚至有一些地道的东北风味的餐馆，这同大量东北人移民成都有关。在成都的餐饮里也有不少的湘菜，但很少署（湘菜）名，也运用了很多的湘菜原料，就是心照不宣，为什么这样做呢？据川菜的权威人士说："这就是融合。"成都的小吃又以面食为主，各种各样的小吃名目繁多。成都平原本生并不盛产小麦，如今的成都人可以把面食做得如此精道，同北方移民的大量迁入密不可分，他们带来了手艺，融合了川菜的各种技法和风格，不断改良，才形成了如今的格局。至于月饼和海鲜那是广东人的专利，成都人把它们拿来加以改造，形成了川式月饼的做法。总之，各地的

移民一来，成都都会带来一些美食的好方法、好技艺，四川盆地的出产又这么丰富，使各种流派和风格都有了广阔的发展空间。成都人本来就崇尚美食，同时在古蜀文明熏陶、大移民下的交融中，对他乡之客的好奇，引发了一种对民俗、文化的兴趣，以及外来客人对天府之国的敬仰，这些都养成了成都人对民俗、对文化的强烈兴趣。再从移民的层次上看，多数以下层人民为主，因此不可能产生纯粹对高雅文化的追求，反而促进世俗文化的发展，加速了高雅文化的世俗化。

走向成熟的成都餐饮文化（二）

文化，还是非文化

记得在多年前，20世纪90年代初，正是中国的文化热潮方兴未艾的时候，不管什么东西，都来个文化，每个行业都想沾一沾文化的光。所以当时出现了诸多的文化名目，其中有一种名目就是饮食文化。当时就有很多文人学者对此嗤之以鼻，认为把吃吃喝喝也当作一种文化，那不是对"文化"这个词的玷污吗？不是一种消解主义的泛滥吗？似乎尼采所称"重估一切价值"正在被演化为一种冲动的恶行。按照精神分析理论，人分为本我、自我和超我，本我是动物的本能——生理的需求和冲动，超我是精神层面的我——理想、信念、道德和宗教，本我则是在这两者之中徘徊、挣扎的存在，自我越趋向超我，那么自我的品格和价值就越高、就越有文化。这个对人的分析和界定，

演化为对人类所有精神活动的评判尺度：越是超离物质、超脱本能的活动就越是具有精神价值和文化内涵，反之，则被称为精神和文化的畏缩。所以，当时文人的愤怒我们是可以理解的。然而到了现在，似乎发展的趋势并未因批评的声音而改变，餐饮文化、餐厅艺术、服务艺术依然是餐饮行业中的关键词，几乎没有哪一个知名的餐饮企业不是以文化立企的，甚至发展到了"无文化，关门店"的境地，都明码标价地打着"××餐饮文化公司"，这点在成都表现得尤为突出。按照上面的理论，这种在饮食行业中过分追求文化品位、过分追求饮食的精致和美观的行为显然是非文化的，过分夸大人的吃、过分引诱人们沉迷美食的行为显然是非文化的代表。

文化，还是非文化？我们又不得不重提文化的概念。虽然我们都在说文化，但到底文化是个什么东西，依然没有确切的界定。人类所有行为的历史总结？人类精神活动的沉淀？还是一切知识的统称？如果什么都是文化，概念丧失了区别的功能，那文化又有什么存在的必要？如果只把文化与精神挂钩，那我们对先民生活情状的考察又算不算是文化行为？然而我们有一点可以明确的是，丑的、邪恶的东西绝对不会成为文化的东西。

文化的竞争力

如前所说，成都的饮食达到了"无文化，关门店"的境地，在一种文化立企战略的环境下，有多少是幌子，有多少是"伪文化"行为，我们并不明晰，亦无成考究，但从一个侧面证明，成都人已经充分察觉和认识到文化在饮食中的巨大竞争力。据一些未来学家预测：21世纪将是一个文化冲击的世纪，人类社会开始由经济型社会向文化型社会转化。"文化产业"作为上个世纪的独特现象，带来了当今世界文化的存在形态、结构和格局的重大变化。在今天，已很难找到没有文化标记的产品，很难找到不借助文化影响的销售，而餐饮的发展更需要借助文化战略，依托先进的文化。如今，将文化的要素注入餐饮，正在成为成都餐饮行业的普遍行为。巴蜀文化历史悠久，纵横交错，在中华文化体系中占有重要的一席，上世纪20年代末，广汉三星堆文化遗址（距今4800～2800年，即从新石器时代晚期延续发展至商末周初，曾是古蜀国都邑所在地）出土了大量珍贵文物，其中包括大量的碗、钵、盆、酒杯等餐具器皿，其工艺之精巧，艺术价值之高，令人赞叹不已，三星堆文物反映出当时餐饮的兴盛，也可见巴蜀文化的优越和先进。此外成都的诗圣杜甫草堂，千秋芳名的武侯祠，巴金的故居，李劼人的故居等，这些文化精髓给庞

大的川菜文化提供了强大的支撑，文化在成都餐饮中起着"润物细无声"的作用，借助文化的宣传和巨大的生命力，在政府的倡导下，成都餐饮走在了全国的前列。川菜，川酒，川剧……各文化相互影响和推动，让成都饮食在竞争中立于不败之地，也许我们忘记了狮子楼的火锅，但我们忘不了它的京剧，也许我们忘记了三大炮的味道，但我们忘不了制作中的那三声"炮响"。美国心理学家马斯洛将人的需要分为五个层次，其中最基础的就是生理需要，如吃饭，其次是安全需要、归属和爱的需要、尊重需要、自我实现需要，后来又在尊重需要和自我实现需要之间增加了认知需要和审美需要。饮食作为满足人类的第一需要层次，如何达到认知和审美需要？这一直是成都人努力在餐厅环境、餐具使用、菜品的选择中借助文化时刻关注的，也正因为利用文化提升和满足了人们更高层次的需要，成都饮食文化的竞争力的爆发变得理所当然起来。

文化与品牌的关系

品牌推动了文化的流承，而文化塑造了品牌，给品牌注入了生命。

品牌是餐饮行业最重要的无形资产，是饮食文化重要的组成部分，是饮食文化对外辐射的通行证，未来饮食行业的竞争就是各具特色的品牌竞争。巴国布衣从开业就确定了以川东民风民俗菜为主题，并围绕着主题突出了川东农家大院及乡村风情的装修特色；菜肴则以干香、辛辣、味厚、朴实的特点，去体现巴人粗犷、淳厚、豪爽、好客的民风；大蓉和菜品融合了川湘、北国及南岭各大菜系的长处，且兼巴蜀而削其麻，并晋陕而减其醋，收苏沪而减其糖，蓄湘赣而淡其咸，提出打造现代感的"融合菜系"，装修也不拘一格，融合了古典与现代的多种元素；乡老坎酒家侧重倡导个性鲜明的川西乡土文化，以"土"为特色，从菜品到盛具都极力表现川西坝子浓郁的食风，以其地道的川西乡土菜和浓浓的乡土气息独树一帜……成都的很多酒楼餐馆都像上面几家，从题材选择、市场定位、形象包装到菜肴设计，都有各自鲜明的个性和特色，注意自己的品牌维护。

在成都，很少能见到酒楼餐馆在经营特色上呈现相同的面孔，在选题包装方面展示出同一个模样。大凡在当地小有名气的餐馆酒楼，都有着自己的个性和经营特色。一位老总这样讲述他的品牌意识："品牌是反映企业核心竞争力的'身份证'，这种竞争力不但体现在质量、服务、设计等有形的物质上，还体现在心理、情绪等无形的、能使顾客对此'情有独钟'的感情认同。一个品牌的价值越

高，说明顾客在感情上越依赖、越认同。所以，品牌是无形的，也是无价的，一个成功的企业必须注重培养品牌。"而这种塑造出来的饮食品牌推动了巴蜀文化在全国范围内的传播和影响。

同时，一个成功品牌的培育绝不是单靠广告所能形成的，它首先必须培育一个卓越的品牌文化，一个缺乏文化底蕴的品牌注定是没有生命力的，塑造品牌的根本是文化因素，它是决定一个品牌能否长久的关键。"食在四川，味在成都""足不出蓉，便可吃遍全国"，成都饮食已成长为国内外的大品牌，而这种大品牌的生命源泉则是巴蜀文化，同时成都饮食这个品牌又是由品牌美食街组合而成。在成都，琴台、锦里还有新开辟的黄中大道"一品天下"美食街，地名皆是古风古韵，让人陶醉在历史的熏陶和远古的典故中，闻其名而心向往之，步入其中，林立的食铺，典雅的古建筑，古朴的石缸无不令人沐浴在历史文化的氛围。人在这种氛围中，食欲一定"水涨船高"，而美食街的品牌则由响当当的餐饮品牌分散其中，红杏、银杏、狮子楼、大蓉和、蓉锦一号、巴国布衣等名牌餐饮不但点缀了成都的美食街，也在全国甚至国外产生了深刻的影响。由此可见，成都饮食已经形成了一个结构合理、互相促进的大小品牌结构，在这种品牌体系的构造中处处可以看到文化的踪迹，并深深地打上了历史文化、人文环境等极具底蕴内涵的烙印。成都的餐饮企业，无论大店小店、名店路边店，都注重文化氛围的塑造，注重菜品文化的挖掘，把文化作为企业发展的根本，他们在注册企业时，更多的用"文化公司"等字眼注册，比如，成都大蓉和餐饮文化有限公司、成都金沙阁餐饮文化有限公司、成都老渔翁餐饮文化有限公司等。这种以文化做饮食的意识和方法，对于品牌的塑造无疑是具有重要意义的。

饮食与文化

我国的饮食文化历史悠久，许多经典名著如《周礼》《礼记》《论语》《吕氏春秋》《皇帝内经》等都为饮食留下重要的篇章，中国饮食能够征服世界重要的原因，在于中国饮食文化的博大精深，实现了内容和形式的完美统一，能够满足人的审美特征，给食者以精神的愉悦和心灵的享受。但是将饮食和文化的研究结合起来并进行市场化规模运作却是近年的流行，其中成都是将饮食和文化结合的比较成熟和成功的典范。

我国饮食行业的发展其最终趋势是向文化餐饮的转变，因为随着人们生活水平的提高，人们对生活素质的要求更高了，要求的精神层面更加深入，而文化的特性就在

于其无限的延展性和包涵性。饮食一旦注入文化，"吃"这一行为就不再是简单的物质享受，而是物质和精神的双重享受，饮食的附加价值将得到最高程度的实现，享受饮食的场所功能将变得多样化。走进成都"一品天下"美食街，"一品而知天下"的豪迈首先给人精神的快感，而漫步其中，酒旗招展，古典与现代的建筑廊腰缦回，檐牙高啄；各抱地势，相互竞争，共谋发展。来到此处，享受的不单是美食，更是一种在饮食文化熏陶下的是休闲和旅游，是一次精神的愉悦和震撼。亲朋好友或独自一人，找一名画古玩装点的红檐古阁坐下，在幽雅的音乐声中品尝色、香、形俱佳的成都小吃，人将乐而思蜀，仿佛进入"问今是何世，乃不知有汉，无论魏晋"的桃花源世界。

川人将饮食和文化结合体现在每一个细节，文化是饮食丰富的根本，而饮食也是文化流传和展示的载体，成都人清醒地认识到了这点，小吃应该是最简单、最便宜的吃食了，但成都人却能绕个弯子，弄出点名堂、弄出点文化，让人在品味小吃时记忆悠长。成都大街小巷的店铺，或古朴，或简约，或是古典和现代结合，充分展示在文化的品位和气质，店内装饰处处可见风景，自然的，人文的，也随处可见巴蜀文化在装饰上留下的痕迹。在餐饮日趋激烈的竞争中，成都人越来越把眼光聚焦于文化上，将饮食和文化完美地结合起来。

在进行文化包装的时候，我们应当注意些什么？

走向成熟的餐饮文化在这方面给我们提供了很好的借鉴。文化是一个泛的概念，中华历史的悠久，使得神州大地处处可见文化痕迹，然而，文化的显著特点之一是其深刻性、延伸性，当我们停留在文化包装的表面，得其皮毛而未见精髓，则将是适得其反的效果。长期以来，我们在文化包装上，皆有一个很大的误区，认为文化包装就是古典建筑、服务员的古代服饰以及装修的文物等组合而成，事实上，文化包装成功的最大的亮点在于，以现代文化人来体现文化，是一种通过人的力量来对文化的彰显，并非单纯借助文物等。我想，在这点认识上，成都走在了全国的前列。那么，进行文化包装究竟应该注意些什么？

首先，饮食行业在进行文化包装的时候，需要把握俗文化和雅文化的平衡。文化问题作为一个涵盖社会、涉及人类总体行为的综合性命题，已渗透到各行各业，法国文化部原部长朗哥曾说过："文化是明天的经济"，饮食与文化联姻正成为中国市场上一道亮丽的风景。

我国作为悠久的文化历史古国，传统文化之深厚，世界其他许多国家难望其项背。传统文化整体来说是一种"雅的艺术"，而作为普通的中国老百姓，大都还停留在欣赏

俗文化的阶段，如何在文化上接近和满足消费者，一般有两个途径：一是对传统文化进行改造，二是引进大量的现代娱乐等俗文化元素。令人担忧的是，在全国很多地方，饮食行业在进行文化包装的时候选择了第二种方式，结果出现餐厅内低俗娱乐盛行，如模仿日本等国家搞"女体盛"，世俗歌舞充斥各地餐馆。在这些歌舞中尽管表演者也装扮成民族特色，身上也点缀着历史的饰品，但是这种自认为"雅"的非文化行为，人们是很难从心理上产生长期的审美需求的。

"诗人自古例到蜀，文宗自古出巴蜀"，这说的是成都人文的灿烂历史。有山有水的天府之国，在高雅的自视以及高雅文化的熏陶下，本也该是一个典型的以崇尚严肃文化为主流的都市，但发展到今天，受移民文化和市场的影响，却有着繁荣的世俗文化——餐饮文化。但是，值得注意的是成都的饮食文化之世俗却在雅中寻求一个平衡，控制在让人可以接受的范围。无论是成都这座美食之都的文化包装，还是大蓉和、巴国布衣等餐饮品牌的包装，成都的餐馆外部形象包装、内部设计、就餐环境的营造、娱乐活动的安插、菜单的设计等，体现了巴蜀文化的气息，虽然淡雅却绝不过分世俗，这是其他地方进行文化包装时，值得好好借鉴的。

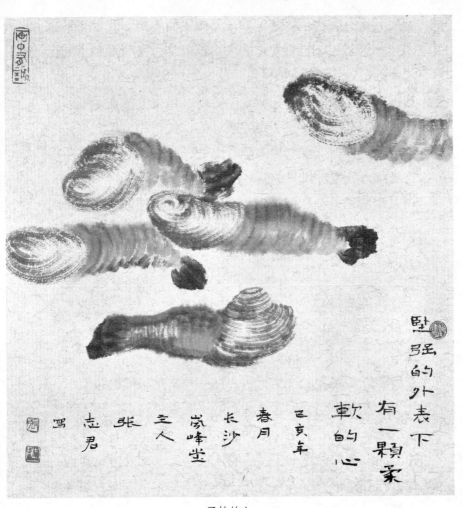

坚强的外表下
有一颗柔
软的心

己亥年
春月
长沙
岚峰堂
主人
张
志君
写

柔软的心

其次，文化包装注重的是其内涵而不是形式。在餐厅中挂一副名画，添置大量的文物古迹是否证明得到了文化包装的精髓？非也。文化包装首先要体现的是文化的内涵，这种内涵除了外在的装修表象之外，最重要的在于服务的文化品位和质量，在于引导顾客的饮食行为，让人一进入餐厅，在古典气氛的熏陶下，也变得有文化起来，逐渐将自身融入到餐厅风景的营造中。

文化是一种看似简单的现象，但是要把握其深度，则是一个高难度的问题。文化借助形式来表现，但表现的形式却大有学问。成都街上的雕塑，古建筑，文化气息浓厚的俊男美女，这是一种综合的文化包装，是各个环节注入文化味道的包装，并把人推到一个重要的位置，环境只是陪衬，一种文化内涵的体现终究由人来完成，自古受杜甫、佛道、天府山水影响的成都人认识到了这一点。文化包装需要激发消费者的文化行为，在一种文化氛围的包装下，让人身在其中而受到感染和陶醉。要做到这点，除了下工夫挖掘、体会、利用深厚的文化底蕴之外，没有其他的捷径。而成都的美食街、品牌餐饮在这方面处处可见他们的良苦用心，将消费者置身在一种整体文化氛围中，很多地方值得我们学习。

再次，文化的包装需要注重管理和人才的培养。文化包装是个综合性的大问题，需要全局观念，如整个城市饮食行业包装的把握，也需要微观意识，如餐厅某幅字画的所挂位置。因此，文化包装需要高素质的人才，而文化包装又是一个复杂和繁琐的"管理出效应"过程，进行科学有效的管理是必要的，其中包括管理理念、管理途径、管理思路等。以文化公司的名义进行管理应该说是比较先进的，先进的饮食地区如成都大，多注重策划。"饮食策划"是个时新的词汇，策划的过程是个精细的管理过程，最终体现的是对人才的利用和培养，是对管理艺术的认同。人才的培养是个庞大的系统，在我国，几乎每一个地域都会有一种博大精深的文化体系，如山东的儒家文化，湖南的湖湘文化，四川的巴蜀文化等，这些文化体系对人的影响是深刻的，一个文化之地的文化气息对人有着潜移默化的影响。文化不是时髦货，它需要沿革，需要积淀，需要冷静的思考，文化是要不断积累的，要有一批又一批文化人的传承。得到文化传承的人在对餐饮进行文化包装的时候，自然能够了然于心，将骨子里的文化味发挥出来。四川的餐饮文化公司培养了大量这种人才，他们有文化底蕴，有现代的管理经验和意识，因此，他们的文化包装才会那么到位、亲和、令人流连忘返。文化在一个地域城市中流淌，会使一座城市变得有活力，更使她的城民变得有气质。

例如成都，还有包括湖南等其他很多地方，川菜也好，湘菜也好，粤菜也罢，它们都是一个庞大的文化体系，酒和饮料是复杂的水文化，语言和文学更是深不可测的文化海洋，这些文化的沉淀一旦被人把握并运用，在文化包装上才有成功的前提。

最后，文化包装最好从当地独特文化出发，充分依靠自身丰富的文化沉淀，同时要善于采众家之长，为一家之特色，不断汲取外来文化的精华，做到内外兼修。饮食文化的发展不仅依靠其丰富的自然条件和传统习俗，而且还得益于善于广泛吸收外来的经验。无论对宫廷、官府、民族、民间菜肴，还是对教派寺庙的菜肴，它都一概吸收消化，取其精华，充实自己。秦灭巴蜀，"辄徙"入川的显贵富豪，带进了中原的饮食习俗。其后历朝治蜀的外地人，也都把他们的饮食习尚与名撰佳肴带入四川。尤其是在清朝，外籍入川的人更多。这些自外地入川的人，既带进了他们原有的饮食习惯，又逐渐被四川的传统饮食习俗所同化。在这种情况下，川菜加速吸收各地之长，实行"南菜川味""北菜川烹"，继承发扬传统，不断改进提高，形成风味独特、具有广泛群众基础的四川菜系。成都的文化包装注意从自身的根基出发，同时也可以看出移民文化的融合。在成都餐饮中，你大可发现其他菜系原料的身影，如在泡菜中能发现广东的墨鱼，但它终究还是属于川菜。融合了各种文化的成都餐饮在进行文化包装时，一方面体现了其丰富多彩的一面，另一方面体现了其深厚和深远的特点，保持了其特有的个性，巴蜀文化的五彩斑斓在餐饮文化中熠熠生辉。

成都餐饮考察纪实

成都是真正的美食之都。

古人说"食在四川，味在成都"，现代人说"足不出蓉，便可吃遍全国"，这是天下食客对成都美食的赞誉；在餐饮行业内，成都餐饮竞争激烈，饮食文化底蕴深厚，经营创新引领整个行业，品牌运作走在全国之首，这是行业人士对成都餐饮的认可。

在成都的4天，考察了"一品天下"美食街、锦里、琴台路、紫荆路等餐饮聚集区域和红杏、银杏、狮子楼、大蓉和、蓉锦一号、巴国布衣等名牌餐饮。一路走来，成都给我们的启示是：餐饮是一个博大精深的产业，值得我们每个人不断学习探讨。

餐饮文化底蕴深厚

成都是一座历史悠久的文化名城，四川自古就有"天府之国"的美誉，四川的灵秀山水、丰饶物产孕育出了闻名天下的川菜美食和饮食文化。

寻找美食的渊源，就不得不考究历史。四川美食在历史上的繁荣，在三星堆博物馆得到了印证：三星堆文化遗址（距今 4800 ~ 2800 年，即从新石器时代晚期延续发展至商末周初）曾为古蜀国都邑所在地，出土了大量当时的餐具器皿，包括碗、钵、盆、匙、酒杯等，反映出当时饮食的兴盛。

古雅神奇、巍峨媚丽的峨眉山给四川饮食注入了更多的灵感。

现在，成都是出了名的商业和消费城市，如此的历史文化和人文环境造就了成都餐饮深厚的文化底蕴。

成都的餐饮企业，无论大店小店、名店路边店，都注重文化氛围的塑造，注重菜品文化的挖掘：一道简单的菜品，就可以娓娓讲出一个故事；一个几十平方米的小店，也会有几幅字画彰显企业精神。餐饮文化在成都的美食街体现得更为淋漓尽致，比如锦里，这条 350 米的小街把西蜀文化彻头彻尾地表现出来：锦里是西蜀历史上最古老、

最具有商业气息的街道之一，早在秦汉、三国时期便闻名全国；现在的锦里依托成都武侯祠，以秦汉、三国精神为灵魂，明、清风貌作外表，川西民风、民俗作内容，扩大了三国文化的外延；在这条街上，浓缩了成都生活的精华，有茶楼、客栈、酒楼、酒吧、戏台、风味小吃、工艺品、土特产；街上的小吃有张飞牛肉、三大炮、肥肠粉等，价钱便宜却吃得非常隆重：一盘3元钱的蛋烘糕，老板先用竹棒叮叮当当击打一段有节奏的"音乐"，然后再击打三下才"请"出香气腾腾的烘糕出笼，让食客不得不"认真严肃"地品味"击打"出来的味道；要一份三大炮，必须"洗耳恭听"三声炮响老板才会卖给你。"一品天下"美食街全部为古色古香的仿古建筑，街头有各具特色的餐饮雕塑。

从全国来说，餐饮企业把文化做足、做好并带动整个行业发展的当属成都。行业人士解释说，这也是为什么全国的连锁餐饮企业中，属成都最多的原因。

成都餐饮企业注重文化培育与包装兴起于20世纪90年代初。之前一段时间，川菜发展陷入低谷，成都餐饮界的一批有识之士意识到文化在餐饮企业经营发展中的重要性，他们在挖掘川菜烹饪文化内涵的同时，极力开拓现代饮食文化的新内容。比如当时兴起的巴国布衣，首创了乡土民俗文化就餐环境，打造出了现代新型的"都市村庄"；

皇城老妈火锅城的装修建筑承袭汉风，大厅挂满名人字画，古典名乐在店内荡漾回旋，让人感受一种沉淀厚重、渊源流长的巴蜀文化气韵，被食客成为"巴蜀文化博物馆"；大蓉和瓦缸酒楼编制出《瓦缸煨汤记》，解说自己的瓦缸文化。我常对同行说："餐饮企业要长久持续发展必须要做文化，没有文化的企业是不可能长久的。"

现在成都的饮食文化已不是简单地就菜品就美食谈文化，它已经和企业的文化、地域的民俗文化紧密地融合在了一起，形成了具有新时代特点的独特饮食文化景观。把文化作为企业发展的根本、用文化带动企业发展已经深入成都的餐饮经营者心中，他们在注册企业时，更多地用"文化公司"等字眼注册，比如成都大蓉和餐饮文化有限公司、成都金沙阁餐饮文化有限公司、成都老渔翁餐饮文化有限公司等。

经营模式不断创新

融合各家菜系之长、兼容并包的"迷宗菜"，是从成都走向全国；

歌舞伴宴的经营模式，是成都人首先从国外引入国内；

连锁经营，是成都人首先打响第一仗；

……

万事俱备就等火

　　成都人做生意一向以头脑活、点子多、生意精而在巴蜀商圈内享有名气。同样，成都餐饮业也以其经营理念新潮时尚而在全国同行中负有盛名。比如说成都餐饮企业的广告意识，当外面很多餐馆老板普遍存在"拿钱打广告是拿钱打水漂"的心态时，成都餐饮业每年整体投入的广告费用总计已超亿元，这一数字在全国同行中处于领先位置，比之商业发达的上海、北京、广州等地也不示弱。随手翻开成都的报纸，上面五彩缤纷的有关饮食的广告、消费报道和专栏文章便会跃入眼中。这种媒体与餐饮业密切结合、这种自我推销的现代意识，不正是现代信息社会和社会商业发达的一种标志吗？

　　在具体经营运作上，在成都有人第一次提出了"策划"的概念，并阐述了从题材选取、表现风格、市场定位、营销包装以及科学管理的一整套规范化的运作模式。这与过去"跟风上"的经营行为有着天壤之别。

　　成都的餐饮企业也是最早意识到现代经营理念的：他们把历代相传的家族式管理向现代企业制度转变，将所有权与经营权分离，由老板中心制转变为职业经理人中心制，实行公司发展、个人成长的运作方式。这些全新的经营管理方法极大地调动了员工的积极作用，包括管理层的积极性，摆脱了长期困扰企业权责不分明的状况，真正成为现

代经济中有竞争力的一员，企业持续发展有了根本的保证。

注重品牌的树立

巴国布衣：从开业就确定了以川东民风民俗菜为主题，并围绕着主题突出了川东农家大院及乡村风情的装修特色；菜肴则以干香、辛辣、味厚、朴实的特点，去体现巴人粗犷、淳厚、豪爽、好客的民风。

大蓉和：菜品融合了川湘、北国及南岭各大菜系的长处，且兼巴蜀而削其麻，并晋陕而减其醋，收苏沪而减其糖，蓄湘赣而淡其咸，提出打造现代感的"融合菜系"，装修也不拘一格，融合了古典与现代的多种元素。

乡老坎酒家：侧重倡导个性鲜明的川西乡土文化，以"土"为特色，从菜品到盛具都极力表现川西坝子浓郁的食风，以其地道的川西乡土菜和浓浓的乡土气息独树一帜。

成都的很多酒楼餐馆都像上面几家，从题材选择、市场定位、形象包装到菜肴设计，都有各自鲜明的个性和特色。

总之，在成都，很少见到酒楼餐馆在经营特色上呈现相同的面孔，在选题包装方面展示出同一个模样。大凡在当地小有名气的餐馆酒楼，都有着自己的个性和经营特色。一位老总这样讲述他的品牌意识："品牌是反映企业核心竞争力的'身份证'，这种竞争力不但体现在质量、服务、设计等有形的物质上，还体现在心理、情绪等无形的、能使顾客对此'情有独钟'的感情认同。一个品牌的价值越高，说明顾客在感情上越依赖、越认同。所以，品牌是无形的，也是无价的，一个成功的企业必须注重培养品牌。"

重庆餐饮现象考察纪实

重庆是一座具有 3000 多年历史的文化名城，是中国中西部唯一的直辖市和长江上游最大的中心城市，拥有丰富的资源、广阔的市场和良好的经济基础，被列为中国第四大投资热点城市。

重庆的餐饮发展在全国首屈一指，是一个名副其实的餐饮旺城：重庆市有各类餐饮企业（店）7 万余家，全国知名品牌 20 多个。

2005 年，重庆市餐饮业营业收入达 162 亿元，占社会商品零售总额的比例接近 14%。

在 2004 年的中国餐饮企业百强名单上，重庆就有 14 家上榜。2005 年重庆市餐饮业营业额比 2004 年增长 16%。

这些企业资产都上亿元，管理比较规范，技术力量较强，已形成良好的品牌带动效应，不仅在重庆餐饮业发挥着龙头带动作用，而且在全国餐饮界都有着广泛的影响。

陶然居、德庄、刘一手等知名餐饮企业在全国的连锁店数量都在百家以上。

重庆餐饮企业在迅猛发展的同时，也把发展的目光投向了外地市场。以陶然居、小天鹅、德庄、秦妈、苏大姐、骑龙火锅等为代表的一批餐饮企业，已在北京、上海、新疆、广东、四川、河北、陕西等30个省区市，美国、加拿大、新加坡、韩国等国家，发展连锁店近3000家，为重庆扬名，树立了重庆良好的形象。

重庆市餐饮业就业人数达50多万人，每年还有上万名经过培训的员工被输送到其他省区市的连锁店，其中80%为农村剩余劳动力和城市下岗职工。

重庆餐饮已经形成相对成熟的产业链条，餐饮的发展带动了种植、养殖、生产加工、物流配送等相关产业的发展。

产业链问题

重庆餐饮已经形成相对成熟的产业链条，餐饮的发展带动了种植、养殖、生产加工、物流配送等相关产业的发展。

每年重庆火锅企业消耗的干辣椒6万吨以上，重庆附近的区县比如石柱、巴南、綦江等地依托自身优势和重庆火锅大发展的机遇，在政府部门的主导下，和多家火锅餐饮企业联系，建起了一大批辣椒种植基地。

重庆餐饮企业在外地开店的数量越来越多，而要在外地开好店，离不开物流的保障。前些年，因物流跟不上，重庆的火锅餐企就面临这样的问题：毛肚不是一运到外地就坏，就是因为通过飞机运输而使成本大增，一份毛肚在重庆10元，在乌鲁木齐则要20元，导致纠纷不断。目前，重庆专门为餐饮业服务的物流配送企业达几十家，一批有专业水平的餐饮物流配送企业已经把业务拓展到了市外和国外。

但是，经考察得知，这种产业链条还更多地建立在单个企业内部。比如陶然居，既有田螺海鲜养殖基地，又有板鸭腊肉加工生产基地，还有自己的物流配送中心，而没有进入市场化。

目前餐饮企业的产业化还停留在单个企业内部产业化的水平上，即一个企业内部既有种植基地，又有物流配送，而没有进入更大范围的社会化分工。这种层次的产业化不够成熟完善，而且存在一定风险，一个企业一旦经营不善，整个链条就会在企业内部断掉，形成社会资源的浪费。成熟的产业链条应该是种植基地、物流配送从企业里面分离出来，进入社会化分工，生产、加工、销售不在一个企业内部完成。这样才能经营管理规范化、生产技术专业化、产品质量标准化。当然，这需要一个过程。

政府引导支持问题

重庆市政府为发展餐饮业，提出"打造中国美食之都"的口号，要把美食打造成"城市名片"。

为广泛征集建议，政府召集餐饮企业经营者召开座谈会10多次，并邀请餐饮专家、营销专家、酒店老板、行政部门、媒体等出谋划策。

重庆市政府还出面重点培育、打造美食街，政府牵头主办美食节，扶持知名火锅企业，组织火锅文化节。早在2005年，重庆市政府主办的国际火锅节上，南滨路美食街出现了万人同时吃火锅的轰动局面。为确保火锅节的顺利开展，重庆市政府甚至发布机动车辆在南滨路禁止通行的禁令。由此可看出重庆市政府对餐饮的支持力度之大。

为让更多重庆企业了解我国香港的投资环境并以香港作为重庆企业到海外发展的平台，将重庆餐饮业推向香港乃至世界，重庆市外经贸委组织餐饮商会举办"香港助重庆餐饮企业走向国际介绍会"。并邀请香港有关机构将对内地餐饮赴香港注册、管理及工作人员申请程序、香港餐饮现状等进行全面介绍。

联系到湘菜的发展，政府的正确引导支持对餐饮的持续健康发展至关重要。在这方面，重庆市政府做出了证明。

目前湘菜正处于餐饮发展的第四次潮流，在全国各地蓬勃发展，得到市场的认可，湘菜应该抓住这个机遇。而湘菜要持续、健康、快速的发展产业化，需要政府的引导和支持，使零散的单打独斗转向整合、成熟的企业化行为。

知名品牌效应问题

据统计，从重庆走向全国的知名餐饮品牌是全国最多的。重庆当地也有了比较清晰的品牌划分。

据重庆市烹饪协会秘书长介绍，重庆的餐饮品牌分为三线：一线品牌有小天鹅、陶然居、秦妈、德庄、阿兴记等，年纯利在5000万元以上；二线品牌有一罐飘香、君之薇、和之吉等有连锁发展潜力的企业；三线品牌有刘一手、八江水等企业。

品牌与餐企发展是互动的关系，品牌的知名度会形成巨大的市场效应和经济效益。结合湘菜的发展，他说，湘菜目前还缺少知名品牌，要向全国发展，把湘菜推向全国，必须打造知名品牌。

餐饮聚集效应问题

从全国城市来说，重庆的美食街在人气、规模上应该是首屈一指的。重庆已经形成多条相对成熟的美食街，并有各大餐饮品牌驻扎。

南方花园美食街：是重庆兴旺较早的一条美食街，在结构上又可分为科园四路和科园三街两块。科园四路以餐饮和休闲为主，开发较早，属中低档大众消费，餐饮规模大都较小，种类多为火锅、特色中餐，消费多以家人就餐、朋友团聚为主。科园三街开发相对较晚，以重庆菜、成都菜、粤菜为主，中高档居多，并带动了休闲娱乐业，消费类型则以商务应酬为主，知名餐饮有陶然居、德庄、西蜀人家等。

加州花园美食一条街：是江北餐饮界的最大亮点。这里云集了中餐、火锅、西餐、休闲娱乐，从川菜、重庆菜到粤菜及各种地方菜品，高中低档皆备。知名餐饮有陶然居、秦妈等。因其周边地带商业活动较为频繁，已成为江北一代商务应酬、朋友聚会的重要地区。

南滨路美食街：是重庆最亮丽的美食街，号称重庆的"外滩"。南滨路紧靠长江南岸，虽然开发较晚，却因其独特的地理环境汇集了极旺的人气，成为重庆餐饮旅游的形象工程，这是云集了大江南北各地菜系，以中餐火锅为龙头，带动休闲娱乐消费。最为食客乐道的还是南滨路的重庆江湖菜，几乎重庆各地的江湖菜都能在这里品尝得到，也有"江湖菜一条街"之称。南滨路除拥有众多大众消费

狩猎者的孤独

的江湖菜馆，也有多家重庆知名餐饮企业鹤立其中，如陶然居、外婆桥、顺风123、私房菜等。

北滨路美食街：无论环境、规模、人气，都与南滨路形成叫板之势。

龙湖花园美食街：以中餐、火锅为主，入驻这里的知名餐饮企业有七十二行瓦缸酒楼、龙湖鸭肠王等，一般来此处消费的除小区的业主外，偶尔也有一些为图清静的食客专门驱车而来。

泉水鸡一条街：以农家乐形式经营，家家都以烹煮泉水鸡为长。每年这里还要举办盛大的"南山泉水鸡文化节"。

解放碑"八一路"：是重庆最负盛名"好吃街"。这里拥有重庆各式各样的名小吃，如酸辣粉、凉面、重庆担担面、山城小汤圆、王鸭子等，可以说是重庆的小吃大全。

餐饮聚集发展并形成有规模的美食街，从餐企本身来看，利于企业之间良性、互动、相互借鉴地发展，形成"共生文化"；从宏观上讲，利于一个城市、一个地区形成有规模有气候的餐饮力量，利于政府引导和管理。

山水中的贵阳饮食

　　贵阳是一个围在大山中的城市，面积很小，大概相当于1/3个长沙。因为地处山中，林木葱茏，所以有"森林城市"之称。中间穿城而过是秀丽的南明河。山水中的贵阳，小巧而美丽。因为地处山区，贵阳的地价飞涨，寸土如金，狭长的贵阳密密麻麻挤满了高楼。有高楼自然就有人海，有人海，当然就少不了餐饮，少不了餐厅、排挡、大饭店。贵阳的餐饮在这几年发展迅速，许多全国知名餐饮连锁公司比如陶然居、七十二行、菜根香、巴蜀布衣等都相继进入这个"森林城市"，用贵阳当地人的话说："他们在贵阳开餐馆，基本上都是开一家火一家。"贵阳的餐饮基本上都还是以川菜为主，进入贵阳的外来餐饮大都是川菜馆。这也难怪，黔、渝、川三省市相连，语言相通，连性格都以爽朗、淳朴见称，当然能在饮食上有着共同的喜好了，都将麻辣奉为"百味之王"。因此，川菜在贵阳占据了绝对的主流地位。当然，不是说黔菜没有它自己的特点，黔人没有他自己的喜好，只是还没有形成自己如川菜发达、完整的烹饪体系罢了。比如，贵阳自己的小吃就很有名气。比如丝娃娃，也就是我们所说的素春卷，用素米皮包裹着一些素菜蘸酱吃。但通常，这些素菜里面少不了"折耳根"。说起"折耳根"，这可是真是贵阳人民的腹中之好，要是哪家餐馆里的辣椒碟中没有"折耳根"，那肯定得不到贵阳人的喜欢。他们用"折耳根"炒腊肉，用"折耳根"拌凉菜，用"折耳根"调辣椒蘸酱，总之一句话，就是喜欢，非常喜欢"折耳根"。"折耳根"也就是鱼腥草，有一股子非常浓烈的腥香之气，初尝之人，还很难有一吃就上口的。与我同行而来的一个伙伴，就因上席就吃了这个"折耳根"，竟然恶心想吐，食不知味。重庆人、成都人也喜欢吃"折耳根"，但是吃法却不一样。贵阳人是吃"折耳根"的根，成都人却喜欢吃"折耳根"的叶，重庆人则叶、根都吃。叶子的腥味比根要淡好多，成都人选择了它。重庆人跟成都人一样，喜欢把"折耳根"的叶子拌来吃，而吃根则是吃根熬的汤，腥味当然也淡得多。只有贵阳人则喜欢生吃根，享受那浓烈的腥香。与其他两地相比，贵阳人吃辣椒也有自己的讲究。重庆、四川喜欢吃辣椒，喜欢的是吃用重油制出来的辣椒香，而贵阳人则喜欢吃辣椒原有的香味。他们吃辣椒

餐前诱惑

通常不去籽，用烤、烧、炒等将辣椒制焦制煳，突出辣椒的原香后再吃。其实从这几个比较中我们可以看出，贵阳更注重吃食物的原生态，更崇尚野味和野趣。这点从我们接下来的行程中还可以见证。

次日早上 8 点起床，至冠州宾馆吃完早餐后，就在冠州宾馆张总和小张同志以及司机李师傅的陪同下，驾车参观闻名已久的黄果树大瀑布了。这个时期正值花溪的少雨季节，所以黄果树瀑布的水很小，然而却也别有一翻风味。这时的黄果树瀑布就如同数十条白带挂于峭壁之上，水色白亮，不象平时般昏黄，飘然直下，摇曳生姿，落潭清吟，温婉有加，虽不如水大时黄果树瀑布的雄壮，却也见识了它妩媚动人的一面。我是一个喜爱山山水水的人，迷人的大瀑布让我留连忘返，当我坐在餐桌上的时候，还依然在回味那清溪流瀑的美妙景观。我们就在山里一家布衣族的餐馆里吃的农家饭。菜肴很特别，除了猪肉以外，全用的是当地山里长的野菜。鱼是用黄果树瀑布下面那条小溪里出产的"瀑布鱼"，菜是用的野菜，名目我记不清了，只记得有一种叫"山药蛋"。其实这个山药蛋并不是我们通常所说的那种山药，而是一种手指头般大小、青褐色的圆形物什，准确的名字我也叫不出来，吃起来粉粉的，就好象马铃薯一样，但多了一股微苦的清香，实在很好吃。饭后，

我们还向主人买了很多"山药蛋"准备回到长沙自己烹来吃。这餐农家饭也让我见识了贵阳人吃"自然"的能力。

饭后我们继续在张总他们的陪同下参观了附近的另外一个景区——七星桥景区。这是一个老天用鬼斧神工雕琢的天然盆景，处处是水趣，眼眼是奇石。整整两个小时的行程，都是在曲折的峡谷中行进，山路走来，似断非断，总是在"疑无路"的当头，突然冒出一个小洞通向前方。行到中间，是一个湖泊，这是七星桥景区唯一开阔的地方，湖光山色，红楼曲廊其间，迷煞我这个喜欢观山水、画山水的人。继续走下去，就又回到了曲曲折折的山路上。其实贵州的饮食就正好比这七星桥景区一样，其精华处，被重山大川分割于黔地的旮旮角角里。贵州是一个多民族混居的地方，整个黔地定居着18个民族，每个民族、每个山区都有自己喜好的菜肴，都有自己独特的烹饪方法。比如在黔西南州，有很多人非常喜欢吃动物的内脏器官，特别是一些尚未发育成型的幼胎的内脏……这些各族各地的饮食精华，却因为山川的阻隔而未能很好地交流、融合，也没有人做过收集和整理，就这样原生态地发展着。正如冠州宾馆的李总所说："贵州的餐饮需要总结，有大量的工作要做，单凭个人的行为是无法完成的，迫切需要政府的支持。"其实在我心中，也很希望黔地这些奇馔珍馐能够汇聚创新，自成体系，发展出一个真正的中华大菜系，因为中华的餐饮需要在丰富中才能不断发展。希望李总的愿望能变成现实吧！

第三日8：30，我们在冠州张总的陪同下，来到花溪王记牛肉粉馆吃了早餐。据说这是贵阳人最喜欢吃的米粉，就连政府来客、机关上班族也经常带客人来品尝王记的特色。其实粉做的很简单，甚至在看相上可以说难看，黑黑的汤，黑黑的牛肉，还要放进去黑黑的煳辣椒，但吃在口里却就是那个香啊，让人难忘。吃完早餐后，仍然是冠州的张总、小张同志陪同，李师傅驾车送我们到重庆去。途中经过贵州的历史名城遵义，参观了那里的几个革命胜地——遵义会议旧址、红军山。遵义在黔渝两地的餐饮中发挥了一个非常重要的作用，因为这里盛产辣椒，而且出产的是贵州最好的辣椒，这里有西南地区最大的辣椒市场，贵州、重庆各大餐馆用的辣椒很多都是这里产的。

湘菜，中国餐饮第四次浪潮

　　外行看餐饮，总有人感慨：做餐馆生意比什么都来钱。如果有人问哪一行业赚钱最快，十有八九会回答：开餐馆。理由是餐饮行业门槛低，消费无止境，利润高，回报快。也难怪，全国每天有 1800 多万人点火扬勺，端茶送菜；每年餐饮营业额以不低于 10% 的速度增长。目前中国餐饮业的市场规模，比 1978 年改革开放时扩大了 159 倍⋯⋯

　　餐饮繁荣的背后蕴藏着巨大的商机与利润，然而，很多人却不知道餐饮业绝不是想象中的那么简单，业内的竞争、菜系的演变、潮流的更迭，每天都在上演着风风雨雨、生生死死的悲喜剧。其中的甘苦，没进入这一行的人一时还真不能看得非常清楚。

　　20 世纪 80 年代，粤菜一统天下；

　　20 世纪 90 年代，川菜火遍全国；

20 世纪 90 年代后期，杭帮菜引领潮流；

而今，湘菜展出一副独领风骚、湘行天下的势头。

20 世纪 80 年代正处于改革开放之初，刚刚"解禁"的国人对世界充满了新奇，而走在改革的前沿，以创新为灵魂，传递着时尚信息的粤菜自然就顺理成章地成了人们追捧的对象。

20 世纪 90 年代，中国的改革已经初见成效，国人从"解禁"走向"解放"，对事物的追求有着风风火火的热情，而以麻辣见称、追求刺激的川菜正好成了激情四溢的时尚风。一辣解百谗，川菜在最短时间内，火遍中国的大街小巷。

20 世纪 90 年代后期，人们对饮食越来越讲究，对制作工艺越来越挑剔，精细严谨、口感清淡的杭帮菜迎合潮流，引领一时风骚。

而今，湘菜以其独特风味，大有引领风骚之势。湘菜用料广泛，多以辣椒、熏腊、家禽、河鲜、山珍为原料，加工精细，油重色浓，淡雅清香兼而有之。擅于调味，以原汁原味见长，口味注重酸辣、麻辣、干香、鲜香、清香、浓香，能淡能重，刚柔兼济。湘菜烹调方法多达几十种，最擅腊、熏、煨、蒸、炖、炸、炒、溜。与其他菜系相比，厚重中富含变化，稳中有活，大雅而又大俗的湘菜，似乎更能适应现在人们瞬息万变的需求，处变不惊，八面玲珑

的个性造就了左右逢源的局面。这也是湘菜厚积薄发的后劲与实力所在。

饮食潮流不断变化，"你方唱罢我登场"，任何一个菜系的盛衰都与背后的餐饮人分不开。作为餐饮经营者，首先要做的就是把握住这个变幻莫测的市场。市场永远是餐饮人的风向标。正确把握餐饮业变化和发展，对打算介入餐饮业的投资者更是必修的功课，多研究市场动向，肯定会有很大的收益。

湘菜，中国餐饮第四次浪潮，需要我们更加敏锐地观察，付出更艰辛的努力。

"民以食为天"，吃是人的第一需要。古语有云："仓廪足而知荣辱"，只有在满足了人们吃的基本需要以后，礼仪、艺术、工业、农业、科技等才有发展的可能，也可以说，这些都是由吃这个主题发展而来。要吃，而后有弓箭、有种业，而后有工业、农业。吃足，而后思娱乐、谈精神，而后有艺术、有礼仪、有道德。这个道理，古今皆一、中外皆然。我们举一个很简单的例子——瓷器的发展。我想，创造瓷器最原始的动力肯定是用来满足人们盛放食品的需要，或饮酒，或盛饭菜。在这种需要的驱动下，于是有了第一个瓷器的产生。然而，当人们从瓷器身上获得吃的便利与满足以后，就开始想着向瓷器身上添加审美的、娱乐的元素。于是，才有了后来多样的瓷器以及赋予瓷器多样的功能，才有了后来繁荣的瓷器工业和经济。由此，我们也可以发现，吃是经济发展最原初的推动力，因此，餐饮在世界各地一直有着持续的发展。中国菜作为世界三大美食之一，是世界餐饮上的一朵奇葩，其烹饪历史源远流长，在复杂多样的地理环境、丰富多变的气候条件，以及由此而形成的不同地域文化和物产条件的浸润影响下，逐渐形成了各具特色、情韵迥异的地方菜系，其中尤以鲁、苏、川、粤、浙、湘、闽、徽等八大菜系最为著名。在改革开放之后，中国餐饮业更是获得了长足的进步和飞速的发展，每年餐饮营业额以不低于 10% 的速度增长，在短短 40 年的时间里，市场规模扩大了 161 倍，2005 年中国餐饮营业额达8886.8 亿元。然而在这个精彩的舞台上，各个菜系的表演却决不相同，有的精彩、有的平淡，有欢喜、有愁颜，在激烈的竞争中，潮流不断更迭。先是创新、时尚的粤菜一统天下，后是激情四溢的川菜迅速串红，与粤菜两分天下。20 世纪 90 年代末的杭帮菜也不甘寂寞，上演了一场艳惊四座的绝妙好戏，引来无数追捧者，一时风靡江北。演出还在继续，中国餐饮业的发展不会就此止步。人们的饮食喜好总是在不断变化着，喜新厌旧是食之常情。一碗菜再好吃，也不会连续吃它个五六天。因此，随着人们餐饮需

求的不断扩大，中国餐饮业必将掀起第四次浪潮，并已随着湘菜火爆全国而悄然来临。

湘菜至今已有 2000 多年的历史。在 1974 年长沙马王堆出土的一套西汉随葬竹简菜谱上，已记载了 100 多种名贵湘菜和 11 种烹饪技法，说明在当时湘菜已有较高的发展水平。在随后的 2000 多年中，湘菜不断创新改进，至明清时期达到高峰，菜系特点趋于成熟。湖南处于南北交汇的中部地区，古往今来，"迁客骚人多会于此"，为湘菜的改进和传播提供了优越的人文条件。湘人在南来北往的"迁客骚人"那里吸取各方烹饪经验，极大地丰富了湘菜的烹饪技法和餐饮文化，同时又通过他们将湘菜的美名传至九州大地。唐朝诗人李白、王昌龄都曾在诗作中记录了他们品尝湘菜美味的情景。特别是到了清朝，出现了一批声名显赫的湘籍达官贵人如曾国藩、左宗棠、张之洞等，从政治上极大地推动了湘菜的发展与传播，逐渐在全国形成了一股湘菜美食之风。长沙一地的湘菜发展就是当时整个湘菜发展的缩影。其时，长沙餐饮发展迅速，店铺林立，逐渐形成了"式宴堂""旨阶堂""必香居""庆星园""潇湘""曲园"等称为"十柱"的十大菜馆。至民国，"十柱"进一步发展，形成了各具特色的湘菜流派，其中以戴（明扬）派、盛（善斋）派、肖（麓松）派和"祖庵菜"

派等最为著名。在后来的革命战争时期，湖南人民活跃的革命运动和一批湘籍革命领导人如毛泽东、刘少奇、彭德怀等的出现，都在客观上提高了湘菜的美誉度和知名度，使湘菜逐渐成长为中国的八大菜系之一。

湖南地处亚热带地区，气候温润，山川秀丽，物产丰富，素有"鱼米之乡"之美誉。得天独厚的地理条件为湘菜提供了丰富的烹饪资源。根据1974年长沙马王堆出土的一套西汉随葬竹简菜谱的记载，在西汉时期湘菜的用料就已经极为广泛，动物如马、牛、羊、猪、狗、兔、鸡、雁、雀、鹤等，植物如稻、麦、豆、瓜、笋、藕、芋、芹、果等均已入烹。随着种植业和畜牧养殖业的发展，湘菜的用料越来越广泛，到现在，已基本上无所不包。不同的原料要求不同的加工方法和烹制手段，随着湘菜用料的增多，湘菜的烹饪技法已日益丰富，渐趋完善。到现在，湘菜已包括煨、炖、蒸、烤、炸、炒、溜、煎、爆、烧等20多种主要烹饪技法，制作上也日渐精细，特别注重刀功火候，花色样式精致美观，色、香、味、形俱全。广泛的用料和多样的烹饪技法所导致的直接结果就是菜品的不断创新和口味的日渐丰富。到现在，湘菜品种已有6000多个，形成了原汁原味，原料的入味，口味适中，注重回味，一菜一款，一款一味，辣而不烈，酸而不酷，油而不腻，酥而

不烂，以酸辣、麻辣、香辣、熏腊、干香、鲜香、清香、浓香见长，刚柔兼济的风味特点。同时在餐饮的包装上，注意饮食与湖湘文化的整合，从历史、文化、民族、地域中提炼与升华出厚重的文化元素，注入到餐饮的包装与推广之中，形成鲜明文化特色的名菜名店。如祖庵菜系、毛家菜系等以历史名人为依托，火宫殿以神话人物火神为载体等，皆透着浓厚的文化色彩和湖湘特色，使人们在开怀畅饮之中也能感受到文化的魅力、伟人的风采、民族的风情。这一点已足以使湘菜傲立食林。

源远流长的发展历史、独特深厚的文化底蕴、丰富多样的物产资源、完备纯熟的烹饪技法、琳琅满目的特色佳肴，已注定了湘菜风行天下的大势。

近年来，湘菜以其独特的魅力迅速征服了众多食客，蔓延全国，呈现出强劲的发展势头。在性喜食辣，喝惯三湘四水的湖南，湘菜风风火火，自是不足为奇。2004、2005年湖南省的餐饮增长率均居全国前十，其中70%以上都是湘菜。省内餐饮的飞速发展，造就了一批湘菜名店，百年老店"火宫殿""玉楼东"继续走红，后起之秀"西湖楼""新长福""金太阳""鼎福楼""湘鄂情""冰火楼""好食上""长沙窑""盛世芙蓉""一路吉祥""七彩江南""雅景隆园""秦皇食府""锦绣红楼"等也一路飞升。但湘菜在省外的旺盛场面却让人惊讶。据统计，全国各大中城市均有湘菜馆，在北京、上海、广州、深圳、兰州、武汉、西安、南京、福州等城市有数百至上千家，各地均出现了有相当影响力的湘菜名店，如北京的"湘君府""湘鄂情""菜香根""湘临天下""毛家饭店"，上海的"洞庭春湘菜馆""湘泉乡村菜馆""湖南乡村风味馆""三湘大厦餐厅"、"湘羿府""滴水洞"，广州的"湘约人家""佬湘楼""湘村馆""洞庭土菜馆"，深圳的"乡里湘味""湘川人家""楚留湘""小芙蓉"等不一而足。湘菜，已俨然成为现今中国的美食时尚，东南西北中，都是食客如潮。往东，有上海，洞庭春风送佳品，湘菜一出众口谗；有福建，福州街头湘菜满屋，湘味臭豆腐引来食客长龙。往南，有广东，广州、深圳只闻湘菜飘香；有海南，"桃花源"里享清福，"爱晚亭"中听松涛。往西，有新疆，八千湘女携儿带女，品乡愁湘情；有兰州，"玉楼东"里把盏品湘肴，"平生快意事"。往北，有北京，2000个湘菜馆里人头攒动，只等一饱口福；有天津，毛氏红烧肉也让北国的汉子起馋心。到中部，自不必说芙蓉国里尽吃湘，本出同源的武汉也香里湘亲，湘鄂联营，情满天下。在境外、海外的知名度也不断提升。在台湾有高档湘菜馆"彭园"，生意火爆，门庭若市；香

港有"洞庭楼"，经营的菜品也相当高档，有些食客不满足，还经常到深圳各色湘菜馆。在国外，湘菜也是外国友人们十分推崇的中国风味菜之一：在瑞典，湘菜是"紧俏物资"；在新加坡，湘园从这里火向整个东南亚；在德国，湘园大饭店经常爆棚；在美国，火宫殿的臭豆腐已写进了布什的日记；在南非，湘菜一品贵比宝石。随着湘菜的风行，越来越多的国家办起了湘菜馆。

　　湘菜火爆神州，当我们从深层次上去探究时，究竟火在哪里？我们又可以从哪里见到湘菜发展的巨爆神州？一方面火的是湘菜的亲民姿态。湘菜的亲民色彩我们可从长沙的店名上略见一斑。在长沙林立的湘菜馆丛中，我们随处可见诸如"人民公社大食堂""天马第一生产队""乡里人家""辣椒炒肉"等具有鲜明草根色彩的特色饭店。另一方面的表现是对菜品质量越来越注重。亲民就必须惠民、重民、尊民，而就餐饮来说，最基本的就是为民众提供高质量、有品味、重安全的菜品。现在，湘菜经营者们已越来越重视这一点。在逐渐过上小康生活的现在，平民吃馆子已是一种经常的现象；而那些较早就吃惯馆子的富豪在享受觥筹交错的高档宴席的同时，也喜欢追求简单的酒足饭饱，平和、自然、简约正在成为一股美食之风。这正为湘菜的兴起提供了契机。正如作家晓月在《深圳"湘

香芋满怀

菜现象"探秘》一文中所说："餐桌上一掷千金的虚荣和浮华似乎已经落伍过时。湘菜在这样一股平和、理性、节制、务实、回归自然的消费风气里……悄然兴起。"其实，湘菜并不乏制作精致、用料讲究、烹制复杂、原汁原味的高档湘菜，燕、翅、鲍、参、肚都曾是湘菜的入席之选。特别是在晚清、民国时期，湘菜厨师很多都服务于显赫权贵，高档湘菜的发展达到了非常繁盛的境地。比如清朝进士、民国陆军上将谭延闿的家厨曹敬臣为其宴客所研发的"祖庵菜系"中就有不少高档湘菜如"祖庵鱼翅""祖庵豆腐"等。上面提到的台湾"彭园"就是蒋介石的御厨彭长贵先生所开，经营的菜品都是相当高档的湘菜，非常讲究。然而到了现在，湘菜的亲民色彩为什么如此深入人心？这其中蕴涵了"心忧天下"这样一个深厚的湖湘文化命题。可以说，湘菜的亲民，代表的是一种姿态，是一种对人民饮食生活的关注，是对"普天共食"的价值彰显。

湘菜火爆神州，火的是"不吃辣椒不革命"的革故鼎新精神。一方水土养一方人，不知道是悍勇热烈的湖南人成就了湘菜的热辣，还是湘菜的热辣濡沐了湖南人的悍勇热烈，也许我们又将回到先有蛋还是先有鸡这个争论上来。无可否认的是，嗜辣已经内化为湖南人的一种个性特点。毛泽东曾慨然而出："不吃辣椒不革命！"这已经成为湖南人民的宣言，要革命，你就吃辣椒吧。在这样一个喜新厌旧的时代，创新既是一种价值，同时也是创造价值的源泉。湘菜这样一种赤裸裸的"革命宣言"，无疑能一石击起千层浪。而就湘菜本身对这个"革命宣言"的演绎和实践来说，也是无可非议的。由于用料的广泛、烹饪技法的多样，以及成千上万湘菜厨师的挖空心思，每天都会有无数新的湘菜品种诞生，为食客带来意外和惊喜。

湘菜火爆神州，火的是"海纳百川"的博大胸怀。有人将川菜称为"民菜"、将粤菜称为"商菜"、将江浙菜称为"官菜"，于是进而将湘菜称为"军菜"，我不认同这种对湘菜的命名。军，虽然代表了一种团结和战斗力，但同样也透着一种规则和固守的沉闷。我比较认同将湘菜称作"王菜"或"将菜"。王者，王道也，泽被众生，心悦臣服。将者，大将也，以德服人，威仪有加。这都代表的是一种诚服天下，"有容乃大"的博大胸襟。兼收并蓄、海纳百川既是千年的湖湘文化积淀，也是湘菜一脉相传的精神继承。湘菜一直都注意吸收其他菜系的特点和长处，以丰富和发展自己。比如红烧狮子头，这是一款典型的苏菜（沪菜），在长三角、珠三角以及江浙一带都很流行，但到了湘菜这里，也同样能保持本色，只是加工方法有所区别，口味有所变化。更有甚者，现在所谓的新派湘菜提

倡不管川菜、粤菜、苏菜还是外国菜都"湘做",足见包容。湘菜宽厚,所以丰富。首先是不排外,然后才能得到"外人"的认可,所以今天的湘菜才能获得各族各地各种人的喜好。湘菜胜者,正在王道天下。

然而,当我们沉浸在湘行天下的喜悦中的时候,也要清醒地看到湘菜的潜力和后劲还远没有完全开掘出来。要在川、粤强势菜系的重压之下,要在其他菜系的虎视眈眈之中,将第四次浪潮持续推向深入,我们还有大量的工作要做。我们应当从湖湘文化忧国忧民的传统中寻找湘菜发展的精神动力,从实事求是的传统中寻找湘菜发展的思想方法,从通变求新的传统中探寻湘菜发展的终极目标,从兼容并蓄的传统中获得吸收外来菜系的博大胸襟,从敢为人先的传统中激发创新湘菜的宏大志向。具体来说,我们需要从产业化经营、规模化经营、理论创建、品牌建设、菜品、管理、服务创新等方面重新思考湘菜的发展战略。

第一,把产业化经营视作做强湘菜的根本性思路。湘菜是个产业。所谓产业就是一个链条,就是包括从原材料生产到加工到出品到销售的全过程,是从开发到终端的全方位运作,其中任何一个环节出现阻滞,就将对整个产业的发展造成必然的影响。因此,湘菜发展应当具备产业化经营的眼光,加强不同环节的关联度,形成一个流畅的产业链条，互相带动、互相促进，以此强健湘菜的根骨体魄。

第二，把规模化经营视作做大湘菜的必由之路。从世界经济发展的一般规律来看，任何一个行业的发展都必然要求集团化、规模化，也必然会导致集团化、规模化，餐饮行业也不例外，比如餐饮巨无霸麦当劳、肯德基即是明证。规模化经营不仅能够优化资源组合、降低生产成本、提高生产效率，同时也能形成规模效应、扩大品牌影响力。因此，湘菜发展必须走规模化经营之路。走规模化经营有两点必须注意，首先是实现标准化生产。如果不能实现标准化生产，不能为产品的质量提供基本的保证，一个门店一种口味，一天一个样，哪里还谈得上规模化经营。同时也要注意把握尺度，不要盲目求大，一味跟进，在扩大规模同时，若因管理局限而至品质下降，最后会把品牌做坏做死。

第三，把理论创建视作培养人才的根本大计。理论是实践的总结，同时又能指导实践，是否具有相对成熟的理论基础是衡量一个行业和学科是否成熟的重要标准之一。湘菜发展至今已有2000多年历史，但在菜谱、菜品加工、烹饪技术、餐饮文化等方面均缺少总结性理论书籍。因此，理论创建是当前加快湘菜发展必须解决的紧迫问题，是加强湘菜人才培养的根本大计。没有权威、足够的理论书籍

作为指导，湘菜人才培养就突破不了一师一徒的传统模式，烹饪学校也就无法开展标准化湘菜职业人才培养，从而为湘菜发展设置了人才滞后的瓶颈。同时，只有加快湘菜的理论创建，才能推动湘菜理论的传播，扩大湘菜在中国烹饪界的影响力。

第四，把品牌建设视作增强湘菜竞争力的强心剂。品牌时代已经到来，你要比别人走得更远，就提高你的知名度吧。所以，这个社会才会有这么多的名人和名牌。品牌是一种符号，也是一种文化，有自己独特的品性。湘菜需要造就更多各具特色、有足够品牌号召力的名店、名品。因此，要提高湘菜的竞争力，就得加大品牌建设力度。一是加大高档湘菜的宣传、推广，逐渐改变人们对湘菜不上档次的成见，增强湘菜的品牌影响力。实际上湘菜在漫长的发展历程中，形成了一批口味、声誉都极佳的高档湘菜，只要善加宣传，就能还湘菜以正身。二是要加强湘菜和湖湘文化的整合，持续进行特色宣传和文化理念的灌输，使湘菜获得更大的心理认同感。三是要加大对传统名品的宣传推广，形成带动效应。

第五，把菜品、管理、服务创新视作湘菜发展的持久动力。在激烈的市场竞争中，不进则退，湘菜必须不断吸收其他菜系的优点，不断创新菜品、管理和服务，增加湘菜的适应性。特别是要加强高档湘菜的继承和开发，从根本上改变湘菜"家常菜"面貌，实现高、中、低档的全方位发展。在管理创新上，要在规范管理的基础上，适时根据时代需求、市场变化加以调整，更新管理理念，获得持续发展的保证。在服务创新上，要着重加强服务理念的创新，在服务中进行持久的特色文化灌输。千万不要出现生意好了，服务丢了的现象。同时，在省外、国外经营的湘菜餐馆，要放宽经营思路，注意研究当地的民风民俗，在保持自身特点的同时，创新管理和服务，尽量使湘菜文化与当地民俗和谐一致，获得当地人民的认同。

湘菜，中国餐饮第四次浪潮。

数千年湘肴风韵，还看今朝。

湘菜发展的资源整合之道

近年来，湘菜在全国发展迅猛，影响增强，吸收外来资源亦愈广泛，大有湘行天下之势。先不说大本营长沙，北上京城，上至五星级豪华酒楼，下至街道胡同，分布着大大小小的湘菜馆，成为京城一道不可缺少的餐饮文化风景线，湘君府、浏阳河大酒店、湘鄂情、毛家饭店、湘行天下等湘菜馆大放异彩，在北京那些胡同弄子里，湘西土家的大瓦罐、刘家锅、爱晚亭、洞庭甲鱼王等飘香浓浓，是北京人的最爱，无论是干锅系列，还是剁椒系列，抑或是沙锅系列等，皆在首都拥有诸多粉丝。至内地如成都，湘菜同川菜等同城竞争，风头依旧强劲，在其他城市，湘菜与其本土菜系和外来菜系不打不相识，亦然不落下风。而沿海发达城市，如广州、深圳、上海等，同样满城尽是湘菜馆。目前，光国际化大都市广州就有湘菜馆数百家，其湘菜馆与时俱进，装修环境不断改善，不断创新，海纳百川，或古典凝重，或前卫时尚，或流行风靡。去湘菜馆吃饭日渐成为广州人的一种习惯和潮流，皆因举箸于此，可以获得视觉和精神的双重享受；可以感受饮食和文化的浑然天成；可以感受乡而不俗、土而不糙、贵而不娇的独特之风；可以享受一家之食而众家之味的快意。比邻广州的深圳是我国改革前沿城市，餐饮行业狭路相逢，风起云涌，竞争异常激烈，在 20 世纪 90 年代中期的较长一段时间内，一份深圳饮食服务调查统计中显示，川菜退居二线，湘菜占据鳌头，成为深圳饮食市场的龙头，芙蓉酒楼、湘苑酒楼等独领风骚。如今，在深圳分布的湘菜馆超过 500 家，大多红红火火，形成火爆的"湘菜现象"，诸多香港同胞慕名专程来深圳吃湘菜，并感叹"辣而弥香，美容醒胃"。在海外，亦是湘菜四处飘香，相当一部分湘菜馆甚至被称为"中国菜"。湘菜，似乎正以王道天下的姿态成为中国餐饮新的浪潮。

然而，在湘菜强盛的背后，我们也有忧虑，充分体现在湘菜对全省的经济拉动作用已经呈现，但尚未形成联系紧密的产业链，产业化的口号流于形式而未真正兴盛，当谭鱼头、全聚德、小肥羊等已经在全国建立专业化的原料供应基地和营销网络，湘菜依旧在为原材料四处奔波。单指贵州的老干妈生产，虽乃调料，但已实现高度的产业化，

产值数十亿元，湘菜以辣为名，却将大产业花落他家，可谓无可奈何花落去；湘菜遍布全国，但缺少知名的品牌和规模企业；标准化、连锁经营、人才培养等做的还不够充分。从《2006 中国餐饮产业运行报告》来看，2005 年我国餐饮百强企业营业额为 681.23 亿元，远远超过湘菜的消费总额。随着收入的提高、经济的交往、消费观念的更新、家庭结构的变化日益促进餐饮业成为拉动国内消费的重要力量。2005 年，前百强企业营业额利润总额 60 亿元，资产总额达 320 亿元，其中全聚德、小肥羊的品牌价值分别达到 106.34 亿元和 55.12 亿元，入围百强企业最多的当属重庆，有 17 家，另上海 13 家，北京 12 家，浙江 11 家，广东、湖北各 5 家，四川、江苏各 4 家，福建、内蒙古、山东、河南各 3 家，湖南仅有 2 家入选，其中一家还是集团公司，湖南省长沙饮食集团列在天津狗不理包子之后，占据第 53 位，另一入选的则是韶山毛家饭店。从百强餐饮企业中我们不难看出我们的差距，湘菜虽是全国八大菜系之一，但湘菜名店名师数量较少，省内知名的百年老字号在本土招架乏力，新兴的湘菜生力军也只有少数出去闯世界，影响力极有限。人才培养、菜品研究和文化发掘滞后，许多省不仅有烹饪系，甚至还有烹饪学院；湖南各类厨校不到 90 所，而四川多达 300 多所，纵观湘菜届，经

清白怡人

营与技艺兼备的文化餐饮人屈指可数，具有全国乃至全球影响的湘菜大师更是寥寥无几，而这些大师们尚且突破维艰，面临思想土壤不良等诸多困惑。目前，书市中流行的有关川菜的书籍达近 1000 种，有关湘菜的书籍不足 100 种，于是乎，有人说湘菜是一本《湘菜集锦》行天下，在肯定《湘菜集锦》的同时更反映的是湘菜书籍的缺失，在湘菜发展日新月异的今天，此种种局面不可谓不寒酸。虽经最近一段时间的发展，很多知名品牌开始在全国崛起，但是相比粤菜和川菜还有较大差距。如果说，湘菜是舰队，当远洋战舰乘风破浪，驱逐舰艇破水前行时，我们缺乏新世纪必须的航空母舰，因而，若不整合资源、做强做大，湘菜长期制胜将忧患多于安乐也。

俗话说：历史潮流浩浩汤汤，不为利来，不为利往，顺之者昌，逆之者亡，湘菜发展犹如逆水行舟，不进则退。那么，如今湘菜面临怎样的形势呢？大体而言，这是一个资源不断整合的时代，各种潮流、各行各业均在积极准备，应对世界市场的随时重新洗牌，一场资源整合的革命与战争呼之欲出。因此，湘菜要发展、湘菜要壮大势在必行，至于如何发展、如何壮大，最关键的是做好资源整合的准备和协调。由古至今，我们耳熟能详的一个故事是田忌赛马，其实从现代的观念来看，这远非是一个智慧故事那么简单，它也是资源整合的一个案例，也就说，整合者赢，不整合者输，甚至亡。事实上，湘菜的资源整合有着深刻的时代背景，一是世界全球化，二是全球信息化，三是中国加入世贸，四是中国经济的飞速发展，五是人们饮食观念的巨大变革。世界经济的全球化和中国加入世贸，无疑将使得已经激烈的餐饮竞争更加白热化，大量外国餐饮同行的蜂拥而入，势必对湘菜餐饮行业的发展产生深刻之影响。现代社会经济高速发展，人们生活方式发生了巨大转变，已由往日的吃饱转为现在的吃好，营养科学、健康养生等将成为现代餐饮发展的终极目标，人们对餐饮行业的要求已经不再是简单的享受吃，而是精神的一种升华，追求一种物质和精神的双重愉悦。在激烈的竞争中，一个城市或者地域，各大菜系纷纷登场，人们选择机会更大，比较心理更强，因而消费更加理性。湘菜要在竞争中取得优势，必须整合资源加强竞争力，这亦是整个时代背景发展的内在要求。

湘菜发展的资源整合的重要性和必要性不言自明。资源整合乃是要优化资源配置，乃是要有进有退、有取有舍，乃是要获得整体的最优。湘菜目前的发展基本上还处于分散、割裂、无序竞争的状态，湘菜馆作为独立的个体存在其实统一于整体的餐饮发展环境及整个经济环境之中。经

济学上有一个基本的出发点——资源的稀缺性。因为稀缺，才有抢夺和竞争，才有对于如何有效利用有限资源的研究，因此，对资源的获取、组合和利用必然是今天湘菜湘行天下必然关注的问题。诚如经济学中所言：一方面是资源的有限性与稀缺性，一方面是若干相互竞争的个体之资源利己性，形成一种碰撞，揭示一种无可避免的竞争规律：强大的个体，从竞争获益而强大；弱小的个体从竞争中失利而弱小。湘菜要做大做强，整合资源是必由之路。湘菜要通过资源的利用与组合，才能实现自身的成就与辉煌。

诸如兴盛菜系川菜、粤菜等，餐馆由饮食文化集团打造，注重现代管理体制，注重规范、标准、连锁，注重吸收和整合各方资源，政府亦在此等方面积极主导，协调发展。湘菜要在其他菜系中独占鳌头，尚有诸多工作要做，借鉴先进的经验不失为一种好的方式，然而时势造英雄，主要的是要抓住时代机遇，应时而动，适时出击，于此，首先需要解决人才的问题，继而打破思想的禁锢。21世纪的知识经济时代，思想和创意就是一种源泉流长的资源，无可避免，湘菜的发展需要解放思想，打破单兵作战局面，统一思想，打破陈旧观念，积极整合各种资源，如思想、人才、市场等；整合各方资源，如省内、省外，国内、国外等。

在战略思维的层面上考量，资源整合是系统论的思维方式。就是要通过组织和协调，把彼此相关但却彼此分离的职能，把隔离但相互联系的资源，整合成湘菜服务的系统。在战术选择的层面上而言，资源整合是优化配置的决策。就是根据餐饮企业的发展战略和市场需求，对有关资源配置与客户需求的最佳结合点取得整体规模效益的效果。如在湘菜的大本营长沙，可以把坡子街和沿江风光带的资源整合起来，形成一个 T 型的立体式美食街格局，论山，远望有岳麓；论水，湘江北去；论自然景观，橘子洲头独立寒秋；论人文景观，杜甫江阁比邻四羊方尊；论人气，此处车水马龙，游人如织；此处最能体现湖湘文化的内涵，亦集中了湖湘文化的精髓，将这一带的资源进行整合，可通过协调和集中管理增强湘菜餐饮行业的竞争优势，提高管理服务水平。牛气冲天、天马生产队、秦皇食府等在市场资源自由配置下落户于此，也充分证明整合资源的势头呼之欲出。随着经济全球化、产业链的延伸、信息技术的日臻成熟，特别是当今各大菜系在城市的攻城略地、激烈竞争，促使餐饮企业在更高层次、更大范围内进行协调管理和资源整合。那么，究竟如何整合湘菜资源，我们也许能从如下角度考量：

固本溯源，文化整合是根基。湘菜博大精深，有着深

厚之文化积淀，湘菜至今已有 2000 余年历史。从屈原《楚辞·招魂》中的各种珍肴美味，先秦时期的《吕氏春秋·本味篇》中的"鱼之美者，洞庭之鳟，东海之鲕；醴水之鱼，名曰朱鳖，六足，有珠百碧……"到马王堆汉墓出土的竹简记载的百余种名贵菜品，历史悠久。在 1974 年长沙马王堆出土的一套西汉随葬竹简菜谱上，已记载了 100 多种名贵湘菜和 11 种烹饪技法，说明在当时湘菜已有较高的发展水平。在随后的 2000 多年中，湘菜不断创新改进，推出响誉全国的新菜品，至明清时期湘菜达到高峰，菜系特点趋于成熟。至民国，形成了各具特色的湘菜流派，在后来的革命战争时期，湖南人民活跃的革命运动和一批湘籍革命领导人如毛泽东、刘少奇、彭德怀等，都在客观上提高了湘菜的美誉度和知名度，到如今，湘菜在全国八大菜系中的影响愈来愈大。湘菜 2000 余年的文化历史积淀是湘菜发展也是湘菜资源整合最有利的条件之一。与此同时，文化因其分散性和延展性，文化的整合是对现代湘菜餐饮发展的必然要求，因为文化具有地域性和时代性的特点，如何将不同地域不同历史时期相同内涵的文化特质，整合到一起为某一个湘菜系统企业服务，是我们值得深入研究的问题。在河北的保定会馆，开发了直隶官府菜，成立专门的直隶官府菜研究会，花费大量的时间、精力、物力和财力去挖掘会馆文化，挖掘清代官府菜肴，成功地将保定的独特官府文化优化整合在一起，通过全新的文化整合，直隶官府菜成为当今餐饮届的一匹黑马。长沙浏阳河路新开张的博禧楼，原本的经验来源于其红红火火的连锁餐馆——添添过年，然其餐饮经理人发觉在广袤的三湘土地上，高档湘菜的文化根基深厚，值得挖掘，于是在做好中低档湘菜餐饮企业的同时，组织人力对高档湘菜的文化根源进行了研究，广泛挖掘明清时期的湘菜名肴，以及毛主席家乡的文化特点，成立了博禧餐饮管理有限公司，开张伊始即赢得了广大顾客的青睐。一个餐饮企业要在文化上做大做强，文化整合是壮大之本，在挖掘传统的基础上，广泛利用各地文化资源，优化组合为我所用，企业的餐饮文化方能变得深厚韵长。而上升至整个湘菜行业，湘菜虽文化根基深厚，但面对现代社会文化的快速发展，湘菜行业的文化资源整合势不可缓，加大对地域文化的整合，加大对同质不同期文化的整合，加大对分散性同期文化的整合，加大对不同菜系之间文化根基选择性吸收整合等，抓住文化产业迅猛发展，构建先进文化和谐社会的契机，才能打造出一只真正意义上的"湘菜航母"，只有这样的文化才可能在"餐饮湘潮"中推波助澜，起到最佳的文化力量。

现代社会，信息整合不可少。如今之世是知识经济时代，信息发展迅猛，信息整合是湘菜资源整合的有效途径。目前，就餐饮市场发展的实际情况而言，发达国家的信息整合走在了我国前面，国内川菜的信息整合走在湘菜的前面，电子商务时代将使传统的物流与商流、信息流重新整合。餐饮连锁通过建设信息中心这一全新的现代餐饮管理体系，使商流、物流和信息流在电脑系统的支持下实现互动，从而提供准确和及时的餐饮采购、客源流动、服务等信息。如美国的麦当劳、肯德基等实现了高度的餐饮信息化，餐饮信息化的显著特点优势在于，餐饮动态在信息交流过程中进行信息采集、管理、分析和调度，并根据反馈情况及时进行调整。它具有以下优势：一是信息化管理利用自动化设备收集和处理餐饮连锁之间的信息，对餐饮信息进行分析和挖掘，最大限度地利用有效信息对餐饮活动进行指导和管理；二是基于互联网的开放性，整个餐饮信息管理系统具有无限的开放性和拓展能力，导引着现代餐饮活动的发展，起到事前测算、事后反馈分析的作用；三是大规模信息系统整合，提高了工作效率，抓住了更多的财富机会，并增强抗风险能力。餐饮管理信息化对提高当今餐饮企业竞争力是极其重要的。竞争日益激烈的商业环境要求餐饮企业对内压缩成本，对外不断加强销售或服务的特色。随着顾客对餐饮服务的要求越来越高，现代餐饮必须在已有的条件下满足顾客对速度与可获得性的需求，在这一方面，湘菜需要加快步伐，连锁经营对信息的高要求是现代湘菜企业管理者必须重视的一个问题。

以人为本，人才整合是关键。在贺岁片《天下无贼》中，人们很快熟悉了一句台词：21世纪什么最贵——人才，企业和企业，行业和行业之间的竞争，归根到底是人才的竞争，湘菜目前发展的一个较大瓶径就是人才的短缺，有思想、有管理和经营水平的餐饮经理人过少，德才兼备的高级管理人才过少，拥有长远眼光、开阔视野、知识丰富的总厨人才过少。同时，人才培养体系未能及时跟进，造成了湘菜发展在人才环节的断层。21世纪的湘菜需要的是人才，这也是长期困扰湘菜发展的阵痛，现代科技的发展带动了餐饮产业的发展，专业化程度的提高，现代厨房的出现，期待的是现代烹饪、管理人才，大凡规模好的餐饮企业都重视人才的培养，繁荣湘菜需要一大批综合性人才，要求既能懂餐饮管理，又能进行餐饮经营，同时自身擅长烹制菜肴。可以预见，今后的发展，职业餐饮经理人的争夺和培养将是餐饮竞争重中之重，百强餐饮企业如全聚得、小肥羊都有完善的人才培养计划和体系，并同国内外餐饮管理和经验的交流日渐日盛，川菜如巴蜀布衣、谭

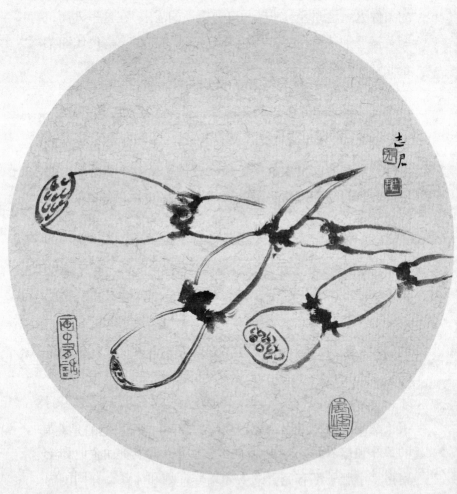

藕之诱

鱼头都重视人才的培养，甚至将人才的培养纳入政府的教育范畴。纵观湘菜，大本营红火的各大餐饮企业，其掌门人大都是极富有思想，并对艺术、文化有一定造诣的门内汉。如金太阳、秦皇食府、玉楼东的掌门人，他们除自身的素质之外，皆强调人才，尊重人才。从各种发展事例来看，整合人才，必然对人才培养之体系与机构进行整合，整合人才必然加强人才间的交流和流动，整合人才必然要打破门户之见，菜系间相互学习，并积极走出国门海外淘金。人才的整合不但是餐饮企业本身的事，同时也是政府职能部门投入的领域。湘菜的发展，湘菜浪潮兴起的成败，关键在于人才合理的整合。湘菜，数风流人物，还看今朝。

市场经济时代，市场整合是必由之路。市场整合具体而言可以包括如下几个方面。

一是媒体资源的整合。企业间发展如同一场场战役，所谓商场如战场，发达国家美国在每一次大型战争中，最先开动的不是航母，亦非新式战机，而是媒体与舆论工具。当今社会，舆论影响引导着人们的日常行为，包括消费和价值趋向。电视湘军横扫天下，势不可挡，遗憾的是在其过程之中，湘菜并未搭上便车。历史经验告诉我们，餐饮落后有时并非技不如人，早年湘菜远落后于川菜的原因之一就是宣传力量太薄弱，没能引起行业和政府的足够重视。

早年有人出国，看到外国友人把湖南菜就叫中国菜，但由于宣传力量未能及时借势造势，十分可惜地错失了这种"善意"的误会，未能在理论、舆论氛围上把湘菜真正定义为"中国菜"。事实上，无论湘菜是不是真正意义的中国菜，如果有了这种使命感做动力，有作为"中国菜的标签"，湘菜在发展上至少能将其设定为奋斗目标，那将是大有裨益的。俗语曰："酒香还怕巷子深"，在信息大潮中，一个企业和行业的发展，完成整合营销推广，离不开宣传。媒体资源的整合包括对杂志、报纸、电视、广播、网络等立体式利用，互动宣传。还包括对征文比赛、湘菜题材的电视剧创作拍摄、湘菜大师的人物记录片拍摄、美食节、论坛、研讨会、交流会、艺术展览、晚会以及和媒体活动密切相关活动的整合。将媒体和湘菜发展捆绑组合，在某种程度上将极大地推动湘菜在海内外的发展。

二是营销的整合。餐饮企业卖的是服务和产品，其营销资源的整合重要性不言而喻。古人云"天行有常"，湘菜的发展也有其自身的规律，其繁荣离不开现代营销，特别是日益连锁经营的今天，营销组合犹显瞩目。连锁经营湘菜近可学四川火锅，远可学韩国泡菜、台湾热狗、荷兰花卉等，但在诸多成功案例之前，我们的土渣烧饼一夜春风，却又昙花一现，其失败的原因，在很大程度是盲目地追求加盟费，未能及时地将营销资源很好地利用和整合。每天我们面对无数的湘菜新馆开张营业，其首先面对的是营销的难题。全球经济一体化，竞争无国界化的崭新格局，正在引发餐饮营销最为深刻的变革。对中国来说，加入世贸后，国际国内餐饮市场营销竞争环境发生了战略性的重组，竞争国际化进入专业餐饮营销人员的视野。当今餐饮市场营销因素的组合已是信息与互联网技术的组合，在信息社会发展的催化与影响下，湘菜发展的营销资源组合有待进一步加强，以适应时代的发展需要。鉴于湘菜消费群体在现代社会的进一步细分，如何满足顾客需要，吸收更广泛的消费群体，是对湘菜营销资源整合的巨大考验。餐饮作为一种服务性的行业，湘菜要在行业竞争中取胜，争取最多的被服务群体，必然需要对价格、分销、促销、营销人才等营销策略以及营销资源进行战略性组合。

三是物流的整合。湘菜生存的时代是一个高度讲究物流的时代，谁控制好了物流，谁就占据了主动，放眼当今市场，物流业正成为一个热词，其热潮已经形成并持续升温。有人提出，中国物资企业在向现代物流转型之际，关键是资源整合和业务流程再造，从而形成其核心竞争。作为发展现代物流的重要主体，湘菜餐饮企业在加快经营方式转变，建立现代物流体系的同时，必须利用网络技术将

连锁经营的原材料供应服务网点连接起来，改变过去有点无网、有网无流的状况，必须构筑现代物流服务平台，整合现代市场物流及其运作体系。如湖南的辣椒举世闻名，在湖南本土，辣椒加工产业也是如火如荼，光一个简单的剁辣椒产业，每年的产值就达数亿元，消耗成千上万吨原产辣椒。事实上，湖南的辣椒并不适合生产优质的剁辣椒，因此湖南的剁辣椒生产有70%的辣椒来自陕西。可以说，陕西的经销商控制着湖南剁辣椒的生产命脉，如果没有现代的辣椒物流体系，辣椒产业要良好发展必然较为困难。整合现代物流的意义在于，可以大幅降低湘菜餐饮企业的运营成本，可以大幅提高资金和原料的利用率，可以加快湘菜规模化和标准化的建立，可以推进湘菜餐饮企业的连锁经营和扩张步伐。可以说，完善高效的现代物流是湘菜制胜的法宝。目前，湘菜的物流整合还不完善，现代的物流体系还没有真正建立起来，具体体现在湘菜餐饮企业还没广泛形成自己的原材料供应，而供货商的质量和信誉参差不齐，没有形成规范管理，合理协议。因此，湘菜物流整合的工作还有一段很长的路要走。

总之，湘菜的发展要充分利用省内省外资源，国内国外资源，行业内行业外资源，本土文化和外来文化资源，实现内外共同发展，两条腿走路。既可如湘鄂情在外发展，回归本土；也可如新长福，本土壮大，扩展全国。湘菜资源整合就目前而言存在一个绝佳的历史契机，那就是中部崛起。湘菜的发展的出路何在？如前所言就是抓住机遇，积极行动，整合资源，做大做强。其中中部崛起是湖南发展经济的机遇，有利于推动湘菜餐饮的发散力度。各大菜系厉兵秣马，湘菜需加强同各省市的合作，加强餐饮资源的共享和交流，进一步资源优化组合。资源整合的目的是为了打造一片核心（包括核心品牌、核心人物、核心文化、核心菜品等），构建湘菜核心竞争力。海尔总裁张瑞敏将海尔的成功，归功于海尔不断资源整合形成的良好核心竞争力，他认为"海尔的核心竞争力就是获取客户和用户资源的超常能力"。同比海尔集团，湘菜的发展同样离不开资源的获取和整合。湘菜要实现良性完善发展，实现在全国产生更大影响，实现打造一批湘菜的"麦当劳""肯德基"，培养一批权威、合格的湘菜精英，形成一批全国有影响力的产业巨头，资源整合可谓是当今湘菜发展的必由之路。

中国餐饮湘潮的文化初探

无湘不成宴

随着湘菜的风行，越来越多的国家办起了湘菜馆。可见地球之村处处皆是湘菜飘香，湘菜的足迹和影响渐渐覆盖全球，蜚声海内外。有鉴于此，我在三年前就提出"湘菜的浪潮即将来临"，在《东方美食》撰文"湘菜，中国餐饮第四次浪潮"，阐述了湘菜发展的趋势，引起业内人士共鸣。时至今日，湘菜浪潮方兴未艾，新的春天风起云涌，湘菜湘军湘行天下，这股浪潮日益成为一种现象，引起百姓、专家、学者和业内人士的极大关注。

在进行湘菜浪潮的文化初探前，需明晰究竟什么是文化？文化的概念如何界定？文化由于其语意的丰富性，多年来其概念一直存在争议。美国学者克罗伯和克拉克洪在《文化，概念和定义的批判回顾》中列举了欧美对文化的160多种定义，而中国人论述"文化"比西方人要早得多，《周易》有所谓："观乎天文以观时变；观乎人文，以化成天下"，孔子曾极力推崇周朝的典章制度，他说，"周监于二代，郁郁乎文哉。"（《论语·八佾》）这里"文"已经有文化的意味。就词源而言，汉语"文化"一词最早出现于刘向《说苑·指武篇》："圣人之治天下，先文德而后武力。凡武之兴，为不服也；文化不改，然后加诛。"后来，南齐王融在《三月三日曲水诗序》中写道："设神理以景俗，敷文化以柔道。"从这两个最古老的用法上看，中国最早"文化"的概念是"文治和教化"的意思，在古汉语中，文化就是以伦理道德教导世人，使人"发乎情止于礼"的意思，可见中国的"文化"偏重于精神方面。随着外来词汇"culture"的引进，文化的概念日益丰富，但大抵认同文化的狭义和广义之分。目前普遍接受的文化概念是著名人类学学者泰勒1871年在《原始文化》论著中的定义："文化或者文明就是由作为社会成员的人所获得的，包括知识、信念、艺术、道德法则、法律、风俗以及其他能力和习惯的复杂整体。"我们可以将这一定义理解为广义上的文化，湘菜浪潮的文化初探中的"文化"亦是以这一定义为基本出发点。文化具有层次性、延展性、表现形式多样性等特点，但其中一个最显著的特点是具有生产性和产业化特性，可以用经济生产和社会发展的最终目的来认同。1998年，

联合国教科文组织在一份《文化政策促进发展行动计划》中指出："发展可以最终以文化概念来定义；文化的繁荣是发展的最高目标……文化的创造性是人类进步的源泉；文化多样性是人类最宝贵的财富，对发展是至关重要的。"因此，生产必须与文化结合，而对湘菜浪潮的文化进行初探，其终极目的也在于利用文化的生产性和产业化特性，给湘菜的发展提供文化上的思考和借鉴。

湘菜的发展离不开文化的依托，文化是其生命力，是其生产力。而文化作为一个庞大的体系，湘菜纵横天下，其文化原因纵使皓首穷经，博览汗牛充栋的文史典籍，毕生调研考察，也只能管中窥豹，难以尽述湘菜浪潮真正兴盛的原因。因此，我在这里重点从历史、地理、人文、艺术、湖湘文化的精神内涵等文化因素对湘菜浪潮兴起的文化原因进行初步的探讨。

历史——餐饮湘潮之根基

悠久的历史恍若陈年佳酿，年代愈久远愈醇厚，中国盛行八大菜系之说，各大菜系均经岁月沉淀，在漫长的历史长河中曲曲折折，不断发展创新乃成今日之大气候。如发源于岭南之粤菜，始于周朝，《周礼》载，"交趾有不粒食者"，即云粤菜；发源于四川之川菜，始于秦汉；发源于山东之鲁菜，始于春秋，子曰："食不厌精，脍不厌细"，即是针对鲁菜特性而言。可见，一种菜系的确立必然是源远流长的。从文化的角度来说，文史不分家，历史本身就是一种文化现象，菜系的历史发展亦然是一种文化的发展，与此同时，文化也是通过历史积存的。我国幅员辽阔，各大菜系在历史发展中，依托不同的文化温床，呈现百花齐放的气象，粤菜之闽南文化，川菜之巴蜀文化，鲁菜之齐鲁文化，湘菜之湖湘文化，从中我们不难看出，菜系的发展离不开历史孕育下的深厚文化底蕴，可以说历史丰富了文化的内涵，也见证了不同时期的文化特征。那么同样具有悠久历史文化的各大菜系，为何近年来湘菜浪潮席卷天下，大有"独领风骚数百年"之势。事实上，历史塑造下的文化具有共性亦有个性，湖湘文化虽也有上千年的发展历程，汉时就已极具规模，马王堆遗址可为佐证，但相对于其他文化，湖湘文化在近现代历史中近乎一枝独秀，几乎可谓新兴文化。近现代的文化大家如曾国藩、王夫之、魏源等给湖湘文化注入了新的内容，激发了文化的历史潜能。具体而言，历史文化在湘菜的发展中有如下贡献。

一、湘菜厚积薄发的文化积累。我省境内人类新石器时代遗址，已发现的有30000处之多，其中以洞庭湖平

原地区和湘江河谷地带分布尤广，出土文物又以饮食器皿为多，可见我省饮食文化的年代久远。而湘菜至今已有2000余年的历史，在1974年长沙马王堆出土的一套西汉随葬竹简菜谱上，已记载了100多种名贵湘菜原料和11种烹饪技法，可见当时湘菜发展水平之高。有关湘菜的历史传说和历史记载更是不计其数，大大丰富了湘菜的文化内涵，增强了湘菜的生命力。从屈原《楚辞·招魂》中的各种珍肴美味，先秦时期的《吕氏春秋·本味篇》中的"鱼之美者，洞庭之鳟，东海之鲕；醴水之鱼，名曰朱鳖，六足，有珠百碧……"到马王堆汉墓出土的竹简记载的百余种名贵菜品与食物，历史悠久。六朝以后，湘菜经过历史的沉淀日益丰富和活跃。明、清两代，是湘菜发展的黄金时期，此时海禁解除，门户开放，商旅云集，市场繁荣，烹饪技艺得到拓展，其显著特征是茶楼酒馆遍及全省各地，湘菜的独特风格基本定局。清朝"满汉全席"的故事永久的流传民间，诸多影视作品借此题材拍摄文艺作品，丰富了荧屏内容，增长了百姓见闻。一些历史传说也在现代生活中广泛传播，相传湘厨祖师韩文正曾在皇宫当"御厨"，他技术精湛，厨艺高超，死后被封为詹王，位于长沙永庆街的詹王宫就是为纪念他而建，如今已是交流湘菜技艺、烹饪理论的重要重地。来此，置身古老建筑，可听故事，沐古风，受熏陶，何等惬意。清朝末年，长沙先后出现了轩帮和堂帮两种湘菜馆，前者经营菜担至民家，承制酒宴，后者则以堂菜为主，于市场广招食客。到了民国初年，这些菜馆的烹饪技艺日渐提高，且各有特色，出现了著名的戴（杨明）派、盛（善斋）派、肖（麓松）派和祖庵派等多种流派，奠定了湘菜的历史地位，也多了几许戏说和演义。而从今回溯古代，2000年前记载的小米、荞麦、高粱等粮食，肥雁、野鸡、鸽子、卤鸭等菜肴，酸、甜、咸、苦等味道，以及辛追墓出土的竹简，宁乡出土的四羊方尊，沅陵一号汉墓的《美食方》，无论是物还是体感，无不演变成一种文化现象，它们的出现正是历史赋予的，悠久的历史使湘菜变得厚重，而这种厚重是湘菜得以快速发展的必然要求。

二、历史给予湘菜创新的源泉。湘菜，在2000多年的发展历程中，不断创新改进，推出享誉全国的新菜品，其诸多灵感和文化给养都来自传统的历史文化。史上，湘菜明清兴隆，民国成熟，至近当代，"和而不同"成为湘菜的显著特点，湘菜发展走的一直乃是继承和改革之道，而继承的源泉则来自于历史遗存，在保持历史本味的同时，湘菜不断由市场出发，吸收各派菜系精华。清朝翰林曾广钧题诗湘菜名店玉楼东的名句"麻辣子鸡汤泡肚，令人常

忆玉楼东"中说的两个菜就是川菜和粤菜的"和而不同"。事实证明，湘菜博采众长、独成一派的重要原因是因其深受历史文化的影响，一些口味和特点已经在湘菜菜系中深深扎根。这几年来，兴起了一个新湘菜的创新浪潮，并很快获得了广大食客的认可和欢迎。湘菜这种不断推陈出新的创新动力，正是源自"和而不同"、兼容并蓄的湖湘文化内核，也才有今天不断随时代发展，日益兴盛的局面。

地理——湘菜之品牌特征

我省位于中南地区，"湘江北去洞庭涌，春色南来衡岳开"，湘江下延聚而形成丘陵地带，北向敞开至洞庭湖平原，是一个马蹄形盆地，气候温和，四季分明，阳光充足，雨水集中。南有雄崎天下的南岳衡山，九嶷、武陵诸山遥相呼应，北有一碧万顷的洞庭湖，汀、资、沅、澧四水涵汇于此。得天独厚的自然条件有利于农、牧、副、渔的发展，故物产特别丰饶。当今湘菜，地理位置造就不同民俗，民俗在餐饮中扮演重要角色。俗曰：愈是民俗的就愈是民族的，愈是民族的就愈是世界的。由于地区物产、社会沿习及自然条件的不同，又因其特定的空间与时间条件，加上特定的人文因素，湘菜逐步形成了三处地方民俗风味。一是湘西流派。湘西三面山区聚居其间是苗族、瑶

菱角分明

族、侗族、土家族等少数民族，湘西菜擅长制作山珍野味，烟熏腊肉和各种腌肉，口味侧重于咸香酸辣，常以木炭作燃料，喜用山野肴蔌和鲜腊制品，似粗拙而质朴，不假饰而纯真，是浓郁深厚的山乡风味。二是洞庭湖流派。水网密布，水乡泽国的洞庭湖区，以烹制河鲜和家禽见长，特点是咸辣香软，以炖、煮、烧、蒸菜出名，渔农之家常用水产动植物原料，多用炖、煮、烧、蒸法制做菜肴，清鲜自然，不尚矫饰，特别是"渔家菜"和蒸钵炉子之类，充溢着乡土的田园风味。三是湘江流派。以长沙、株州、湘潭、衡阳为中心的湘中地区，是我省政治、经济、文化交汇之地，社会活动活跃频繁之所。这里的烹饪，继承历史之传统，荟萃全省之精华，广取海内外之信息，再经名师高手们在融合之中提炼、升华，创制出具有概括意义的湘菜、湘店，尽显刀工、火工之功力。制作精细，用料广泛，品种繁多，其特点是入味，实惠，注重鲜香、酸辣、软嫩，尤以煨菜和腊菜著称，在色、香、味、形、器上，既高贵典雅，华彩富丽；也有清新淡雅，素逸秀丽；还有质朴古雅，粗放壮丽，是湘菜的代表。以上 3 种地方风味，虽各具特色，但相互依存，彼此交流，构成湘菜多姿多彩的格局，从上我们不难发现，湘菜的地域流派深受地理文化因素的影响。其实，任何一种菜系皆受地理位置、气候环境的影响，最过明显者当数粤菜之海鲜，湘菜当无例外。影响具有两面性，积极抑或消极，地理文化因素在湘菜浪潮中的积极作用我以为有如下两点。

一、选择了一个强有力的品牌象征——辣椒。由于我省处在丘陵地带，三面环山，水网密布，酷热湿寒，辣椒驱寒去湿，适宜我省本土食用；又由于我省地处中南腹地，过去经济相对封闭落后，辣椒价廉物美，是"下饭"首选，成为湘人最实惠的蔬菜；我省的地理气候特点也适合辣椒的生长，因此湘菜历史性地选择了辣椒，辣椒亦和湘菜结下不解之缘。从上可见，辣椒成为湘菜的灵魂，成为湘菜品牌的象征，甚至一种文化的象征，主要是受地理因素的影响。在300年的吃辣椒史中，湖南人和辣椒产生了深厚的感情，甚至影响了湖南人的性格。自清代以来，湖南人才辈出，从中兴名臣到新中国领袖群，"唯楚有才，于斯为盛"，有人将原因部分归结于吃辣椒，人长期吃辣椒容易勇猛刚烈。据说，当年曾国藩带病打仗，为了治疗士兵们长期露宿野外染上的风湿病，常让士兵们吃有名的"新邵三合汤"（取牛肉、牛肚、干椒，以山胡椒油烹制）。这份火辣辣的三合汤，为湘军凭添了几许霸气，我国台湾著名作家朱振藩在《食的故事》中将湘菜称为"军菜"，充满了阳刚和霸蛮之气。

如果将湘菜当作一种产品，其市场推广必须有一个品牌标志，也就是企业的CI形象，如麦当劳的M型黄色标志，可口可乐的英文拼图，而辣椒就是湘菜的品牌象征，认识湘菜从认识辣椒开始。辣椒素来有"湘菜之魂"之称，对湘菜的发展起了重要作用，从湖南农家小院走出的著名歌星宋祖英一首《辣妹子》唱响大江南北，"辣妹子从小辣不怕，辣妹子长大不怕辣，辣妹子嫁人怕不辣，辣椒帮她走天下"，几乎是以辣椒为主的湘菜宣传曲，可见辣椒在湖南人、在湘菜中的地位。祖籍南美洲圭亚那卡晏岛的热带雨林中的辣椒，明朝末年才从美洲传入中国，起初乃是观赏作物和药物，进入中国菜谱的时间并不久远。我省一些地区在嘉庆年间食辣并不十分普遍，但道光、咸丰、同治、光绪之间，食用辣椒已较普遍了，据清代末年《清稗类钞》记载："滇、黔、湘、蜀人嗜辛辣品"，"喜辛辣品"，"无椒芥不下箸也，汤则多有之"，说明清代末年我省食辣已然成性，无辣不香，连汤都要放辣椒了。辣味成为湘菜的显著招牌，"辣椒文化"在湘菜的推广中起到了重要作用。

二、实现了湘菜多样化和多元化的特点。我省地处亚热带地区，气候温润，山川秀丽，物产丰富，素有"鱼米之乡"之美誉。得天独厚的地理条件为湘菜提供了丰富的烹饪资源。山区盛产竹笋、蕈、蕨等山珍和动物野味，江河湖泊盛产鱼、虾、龟、鳖、螺、蚌等水产和野鸭等水禽，平原盛产稻、梁、菜、蔬等丰富的食用植物，星罗棋布的大小塘坝大都种有湖南的特产湘莲湖藕等，真可谓"物华天宝"、无所不有。据 1974 年长沙马王堆出土的一套西汉随葬竹简菜谱的《竹简·食单》记载，西汉时期，湘菜的用料就已极为广泛，精美菜者有近 100 种，其中内羹一项就有 5 大类 24 种，另还有 72 种食物，动物如马、牛、羊、猪、狗、兔、鸡、雁、雀、鹤等，植物如稻、麦、豆、瓜、笋、藕、芋、芹、果等均已入烹。随着种植业和畜牧养殖业的发展，湘菜的用料越来越广泛，到现在，已基本上无所不包。不同的原料要求不同的加工方法和烹制手段，随着湘菜用料的增多，湘菜的烹饪技法已日益丰富，渐趋完善，时乃至今，湘菜已包括煨、炖、蒸、烤、炸、炒、溜、煎、爆、烧等 20 多种主要烹饪技法，制作上也日渐精细，特别注重刀功火候，花色样式精致美观，色、香、味、形俱全。广泛的用料和多样的烹饪技法所导致的直接结果就是菜品的不断创新和口味的日渐丰富。今天，湘菜品种已有 6000 余个，形成了原汁原味，原料的入味，口味适中，注重回味，一菜一款，一款一味，辣而不烈，酸而不酷，油而不腻，酥而不烂，以酸辣、麻辣、香辣、熏腊、干香、鲜香、清香、浓香见长，刚柔兼济的风味特点。

人文——湘潮之核聚效应

所谓核聚效应，就在于其内部能量不断加强到一定的界定值，在外力的影响下，能量忽然以数量级的超力量爆发，其冲击力犹如原子弹。湘菜之根虽源于楚汉，但兴隆和成熟则始于明清，明清至今，湘菜之所以能够浪潮涌动，和近现代的一批名厨和名人是密切相关的，如果说名厨完成的是一个核聚的过程，那么名人则承担了核爆的任务。

一、作为湘菜的继承者和新菜品的开发者，湘菜近现代的名厨层出不穷，各具特色。湘菜成为举世闻名的中国八大菜系，源于历史文化源远流长，根深叶茂，同时也源于众多的湘菜厨师的辛勤劳动和孜孜不倦的创新和探索。昔日长沙历史上湘菜发展做出重大贡献的厨师很多，其中肖荣华、柳三和、宋善斋、毕河清四人的成绩尤为骄人，史称"四大名厨"，四人各有千秋，推陈出新，为湘菜的发展壮大起到了重要的作用。纵观我省目前几位著名的湘菜大师，他们有几大特点，这些特点推动了湘菜浪潮的出现和发展。一是大多功底深厚，并善于学习和总结。我的恩师石荫祥一生最光荣的除了是毛主席最喜欢的湘菜厨师外，还有他长期奋战在厨师一线，培养了大量的人才，晚年余暇编撰了湘菜唯一一本总结性著作《湘菜集锦》。有他作为榜样，湘菜厨师们大多有这样一个传统，舍得钻研，肯下功夫，技术扎实。二是胸怀全球，眼界开阔。近当代厨师深受湖湘文化的影响，也密切注视海外餐饮发展的新动向，近些年湘菜大师许菊云、王墨泉、聂厚忠、谭添三等先后多次赴国外和两岸三地进行考察、献艺。新一代湘菜厨师也纷纷走出国门，学习国外的先进经验和传播湘菜技艺与湘菜文化，每年光去德国的厨师就达数百人。目前，湘菜大师和新一代湘菜厨师们除了努力推动湘菜出湘，同时也对中西餐饮文化吸收并蓄，不断创新湘菜做了大量的工作。三是注重文化和艺术修养。如今，奋斗在烹坛的一批少壮名厨在不断辛勤耕耘，他们既掌握现代烹饪技艺，又挖掘传统文化内涵，为湘菜的进一步发展正在积极探索。

二、名人是湘菜的传播者，他们增强了湘菜的品牌力度，增加了湘菜的人文内涵，增添了湘菜文化的厚重。名人的价值主要体现在：一是他们成为了传播湘菜文化的载体。二是名人增强了湘菜的文化性、娱乐性和政治性。名人大多从事政治、军事、文化、艺术、商务等，他们和湘菜结缘自然给湘菜打上了他们特有的烙印。三是他们可能通过自身的影响力成就一个餐饮品牌，一个名菜，甚至一个菜系，如毛主席之"毛家饭店"，唐生智之"东安子鸡"，谭延闿之"祖庵菜系"。湘籍的文化名人很多，他们对湘

菜的文化影响巨大，生于兹、长于兹的湘派名人在历史上，有力推动了包括湘菜文化在内的湖湘文化。而至今他们给湘菜的厚重，给湘菜的人文内涵、文化气质留下了不可磨灭的贡献。

湖南处于南北交汇的中部地区，古往今来，"迁客骚人多会于此"，为湘菜的改进和传播提供了优越的人文条件。历代文人雅士、权臣大贾足迹踏入湖湘之地，和湘菜传下佳话的就更多了，蔡邕、孟浩然、王昌龄、韩愈、柳宗元、刘禹锡、温庭筠、杜甫、李白、苏轼、秦观、陆游、朱熹、辛弃疾、徐霞客等，都曾为湘菜的博大精深和美味无比，写下过游记或者优美的诗词，耳目能详的就有范仲淹在岳阳楼尝湘菜、望洞庭写下的《岳阳楼记》，元稹的《晚宴湘亭》等。湘人在南来北往的"迁客骚人"那里吸取各方烹饪经验，极大地丰富了湘菜的烹饪技法和餐饮文化，同时又通过他们将湘菜的美名传至九州大地。与此同时，官府衙门有着对京城大臣及官宦要员迎来送往的需要，商人贾客的贸易交往以及士大夫文士之间的唱酬往来也常常要以饮宴的形式来联络感情。身处湖湘，当然必须用具有湖湘地方风味的特色菜肴款待，这就在客观上有力地推动了湘菜的发展。特别是到了清朝，出现了一批声名显赫的湘籍达官贵人如曾国藩、左宗棠、张之洞等，极大地推动了湘菜的发展与传播，逐渐在全国形成了一股湘菜美食之风，长沙一地的湘菜发展就是当时整个湘菜发展的缩影。湖南人国务院原总理朱镕基，在 2003 年 3 月 6 日参加全国人大会湖南代表团分组讨论时也深情地说："饮食文化对长沙很重要，我曾经想起火宫殿的小吃就垂涎不已……"近代以来，诸多名人伟士也与湘菜结下不解之缘，最为人们熟知的就是我们的毛主席，几句"不吃辣椒不革命""长沙的臭豆腐，闻起来臭，吃起来香""来一碗红烧肉，补补脑子"让湘菜平添几分韵味。1959 年 6 月 25 日，毛主席回到阔别 32 年的故乡韶山，当有人要做丰盛的饭菜招待他时，他却只要故乡的红烧肉、火焙鱼等家常小菜；抗战胜利后，宋庆龄来到湖南，在育婴街潇湘酒家吃了"糖醋排骨"这道湘菜名肴后，赞不绝口；贺龙元帅在大革命时曾驻军永顺，赞誉永顺青菜"酸味美可口，食之难忘"。抗战前，贺龙元帅到沅陵观看龙舟比赛，当地人用沙锅红烧鱼头来款待他，贺龙元帅尝后，久久不能忘怀，此后，还常惦记着湘菜给自己留下的美好回忆。湘菜给伟人们留下了千古佳话，而伟人们也增添了湘菜的人文内涵，故事悠远流传，令人回味。掐指回顾，近现代的很多大人物都与湘菜有着意味深长的故事，蔡锷、彭德怀、魏源、董必武等，数不胜数。

艺术——湘菜之内外兼修

　　这里说的艺术，主要是指烹饪艺术和其他人文艺术的结合，即"有吃有说"。从厨艺上来讲，湘菜烹饪特点大致形成于商周时期。虽然至今没有发现当时较为完整的菜谱，只有一些零星的记载，但从前述考古出土的大量烹饪器、食器和酒器，可以约略窥测当时烹饪技术的发展水平。早在汉代，荆楚大地就已形成较为完整的、独具特色的烹饪体系，并且已有文字概括和记载。西汉时期，湘菜的烹调技术渐趋成熟，已经完全从附庸于楚菜中分离出来，形成自身独立的品味风格。烹制的方法已经有蒸、煎、炒、煨、烧、炸、腊等10多种；竹简所记录的菜品则有100余种之多，十分丰富。今天湘菜的一些传统烹饪方法，大都是从此继承发展而来。晚清至民国初年，逐步形成了以湘江流域、洞庭湖区和湘西山区3种地方风味为主的湘菜系列。在湖湘文化熏陶下，形成了以"养"为目的、"味"为中心、"辣"为特色的湘菜系列。毛泽东说"不吃辣椒不革命"，形象地揭示了湘菜所体现的率真、务实、执著、勇敢的湖湘文化精神。正是这种精神孕育了一大批名师、名店、名菜。湘菜所蕴含丰富的历史人文积淀，已成为湖湘文化的重要载体之一，这也是湘菜所特具的品位优势，更是湘菜产业进一步发展壮大的源泉之一。

对虾游

　　湘菜的烹饪艺术发展至今，独步食林，特点分明，湘菜之烹饪艺术，理论体系完备；湘菜烹饪艺术所追求的是色、香、味、形、器，质、烹、光、饰、养，完美之效果。严选巧配、食疗结合；器皿精彩、赏心悦目；精烹细调、一菜一味、一味一格、一格见特色；高档湘菜命名十分讲究，文采飞扬，诗情画意，情趣盎然；餐厅十分讲究环境布置、灯光设计，既富丽堂皇，又格调高雅；服务十分注重温情、温馨而富有个性。湘菜通过巧妙地艺术命名，艺术加工制作，艺术环境布置，艺术个性服务，而达到一种心灵之满足，精神之享受。低档湘菜特别实在，但也不失情调、情理、情趣自然。湘菜流派众多，风味迥异，异彩纷呈；湘菜之烹饪艺术广收博采、源远流长。某种程度而言，烹饪艺术推动了湘菜今日之浪潮。

　　湘菜厨艺经历了漫长的发展历史，当然也用这些厨艺养育了无数文化名人，这些吃湘菜长大的名人又反过来记述和感念养育他们的湘菜，于是也就形成了"有得吃还有得说"这种生动的画面，名人轶事，名菜趣闻，无不让百姓在享受湘菜这一物质的同时享受精神的愉悦。战国时期，流放到湖南的爱国主义诗人屈原，就在他所撰写的歌辞生动中描绘了湘人祈天地、祀鬼神、祭先祖、宴宾客以及家庭婚丧嫁娶的诸多场合，其中记载了许多湖湘的美味佳肴和讲究五味烹调的方法。例如，在《楚辞·招魂》就留下了当时祭祀飨宴的详细记载："室家遂宗，食多方些。稻粢穱麦，挐黄粱些。大苦咸酸，辛甘行些……肴羞（馐）未通。"怀素书法《食鱼帖》记录的鱼，著名作家周立波在《山乡巨变》里赞叹，一条才鱼，可以做成"蝴蝶过河""飞燕下海"等10余种可口的佳肴，令人叹为观止。曾国藩爱吃的"荷包鲫鱼""三合汤"，左宗棠的"左宗棠鸡"，彭玉鳞的"玉鳞香腰"，唐生智的"东安子鸡"，谭延闿的"祖庵菜"系列等都在文学作品中流传，从而广为人知。

湖湘文化——湘菜之生命灵魂

湘菜蕴涵着深厚的湖湘文化底蕴，举凡湖湘丰富的物产、源于多民族社会历史文化的构成、独具魅力的人文传统、领先于华夏其他地域的农业生产、较为发达的城市手工业和商业等，都为湘菜的产生、发展和完善，奠定了扎实的物质、精神和文化的基础，湘菜正是在这一独特的社会文化土壤中，凝聚着历代湖湘人智慧的结晶，成为中国饮馔文化百花园中的一枝奇葩。她以其独特的品味风格和诱人的魅力展现在世人的面前，并不断绽放出更加绚丽多彩的风貌。湘菜浪潮为何会出现并发展，原因很简单，那

就是因为湘菜的品性招人喜欢，任何一样东西的流行都逃不出这个逻辑。而作为古老流传中的烹饪一大菜系之湘菜，其鲜明特色的形成一直是在湖南文化的润泽下产生的，湖湘文化是湘菜兴盛、发展最为根本的因素。由湖湘文化提炼和衍生出来的几大文化内涵更是成就了湘菜的繁荣，是湘菜的生命灵魂。

一、湖湘文化源远流长，博大精深。其经世致用、敢为人先、躬行实践的文化要素，积淀着湘菜品牌的文化底蕴。湖湘文化作为包容和开放的文化，一个最大的特点是能与时俱进。从湖湘学人魏源"睁眼看世界""师夷长技以制夷"，到曾国藩的湘军崛起而首开洋务运动之先河，从王船山的"器变道亦变"，到谭嗣同的兼容古今中西的仁学之道，都清晰地展现出湖湘学人以继承传统、开拓进取、大胆创新的态度来弘扬湖湘文化之精神。而代代湘人也一直以坚强的毅力、开放的心态、创新的精神激发湘菜品牌之光。湖湘文化因重经世、重践履，推崇理学而不流于空疏，影响着湘人烹制的湘菜强调适口而求"味"；因推崇理学，有务实的经世观念、躬行践履，致使湘人喜爱的湘菜强调香辣而求"爽"，个性分明，使人们在辣中品尝百味；因理学和经世观念的制约，重躬行实践而局限于政治伦理，促进湘菜在上层社会发展登峰至极，成就了官府湘菜。它的创新、流行，又带动着湘菜在整个社会中的波浪式创新发展，使湘菜强调精致而求"和"，兼有粤菜之鲜香，不失鲁菜之气派，不缺淮扬菜之文气雅致，博采众长，别具一格，造就了湘菜因刀工精细、形味兼美而脍炙人口；因擅长于调味、注重酸辣鲜香而独树一帜，因选料广泛、口味常新而回味无穷；因代代名厨的不断竞技，使湘菜特色不断凸现。

二、心忧天下、经世致用的爱国热情和普度情怀促成了湘菜发展的生命原动力。湖湘文化中的爱国主义、民族主义精神十分突出和强烈，所谓"若道中华国果亡，除非湖南人死光""吾湘变，则中国变；吾湘存，则中国存"云云。湖南历来以"屈贾伤心地"而自豪，屈原被认为是中国文化中爱国主义的代表，贾谊也因力主改革被贬长沙。屈子流放湘楚，"长太息以流涕兮，哀民生之多艰"，一腔忧国忧民之情"虽九死犹未悔"。楚国被灭，屈子也投于湘水之滨的汨罗江殉国，但其爱国忧民之情却永远激励着湖湘人。苏轼云"楚人悲屈原，千载意未歇"。宋时张栻、赵方等湖湘学派巨子同时又是抗金名将。蒙古铁骑围攻长沙，岳麓书院数百学生浴血抗元，死者十之八九。清军入关，湖南十三镇军民与之周旋多年。王夫之起兵衡阳，事败后隐居山林，转而通过著述来表达对祖国的热爱。

他强烈的民族感情甚至被认为是近代民族革命的动力之一。时至近代，湖南相继成为维新运动最富朝气一省、武昌起义首应之区、全国农运的中心、北伐/抗日的主要战场……一代又一代的湖湘弟子不断奋起，如锁链般相互挽结着。他们延续着炎黄血脉，守卫着中华民族不屈的精魂。梁启超之"直可以保中国而强天下者，莫湘人若也"，杨笃生说"且我湖南人，对于同种之责任，其重大远过于诸省者"。所谓"洞庭悠悠思天下"、"救国先从湖南起"，对于湘人而言，这种为国为民、舍生忘死的精神常常"迸发于脑筋而不能自已"（杨笃生语）。《汉书·杨雄传》云："因江潭而谁记兮，钦吊楚之湘累。""湘累"一词便充分昭示了满怀忧愤而又不屈奋斗的报国之情。

"民以食为天"，吃饱吃好才是人民安居乐业、社会和谐发展的根本。我们追溯湘菜发展的轨迹，可以看出鲜明的养生、惠民、同为食的普世情怀，心忧天下已在朴实的饮食之道中显露无遗。湘菜在汉代就已经有了很高的发展水平，精品湘菜甚获各朝权贵喜爱，鲍鱼、鱼翅等皆是入席之选，曾经是达官显贵的独好。时至今日，人们的生活水平不断提高，社会安定，经济繁荣，各种政务活动、外事活动、商务活动频繁，因此传统的高档湘菜仍然需要挖掘、整理、研究和创新，以适应高消费群体；然而，决不能放弃将已经在全国乃至世界都有了很好的中低档湘菜市场和声誉；而且，要努力实现标准化和产业化，让普通百姓都能吃上价廉物美的湘菜，使湘菜有更好、更快、更大的发展，这才真正体现湘菜普世济民的价值取向。

三、"敢为人先，上下求索"的精神品格是湘菜发展的创新之源。"敢为人先"这是湖湘文化的显著特征。"道莫盛于趋时"。从屈原求索天地由来开始，"流风所被，化及千年"，湖湘知识群体思想开阔，总能顺应时代潮流，站在中华文化发展的前沿。其间，周敦颐重构儒道，王船山"六经责我开生面"，魏源"师夷长技以制夷"，曾国藩、左宗棠等人致力引进西方技术开办洋务，宋教仁、黄兴进行民主革命推翻帝制，直至毛泽东等老一辈无产阶级革命家"实事求是""为人民服务"等思想体系的形成等，无不彰显湖湘文化思变求新、开拓进取的精神品格。姚经建于首都掌管浏阳河大酒楼，以湘菜为主，粤菜为辅，营业面积近万平方米；靠经营红烧肉、臭豆腐、火焙鱼起家的汤瑞仁，创立毛家饭店，从韶山这个小山村勇敢地把餐馆开到北京，他们纷纷在中国最具竞争、最具风险的北京餐饮市场与餐饮大鳄搏击。学艺术出生的柏鹏勇于将远古文化以及艺术经过创新注入餐饮，创造了餐饮品牌。如今，从东海之滨到昆仑山下，天涯海角到北国冰都，北京、上

海、苏州、昆明、拉萨、乌鲁木齐、哈尔滨、深圳、澳门、香港等，湘人把湘菜馆种在全国各地，处处开花，尽情展示着湘菜的技艺和风采，不断地在新的地域、新的城市开疆破土，不畏艰难。北美的温哥华、纽约；大洋州的悉尼；世界花都巴黎；艺术店堂罗马；中东伊斯坦布尔；东京巴黎，无处不见湘菜馆的旗帜招展，哪怕在战乱的阿富汗、伊拉克，勇敢、具有革命精神、敢为人先的湖南人，也把湘菜馆的根基扎向异乡之地。虽然在国外市场上，湘菜和粤菜、川菜比较还有相当的差距，但"墙外开花墙内香"，湘菜造成的积极影响不可估量，敢于在新地域、传统菜系上大胆创新的湖湘人也开始让对手汗颜。湘菜，在敢为人先的开拓进取声中，势力在蔓延，浪潮在涌动，中国餐饮一个新的格局正在形成。

我们翻阅湘菜发展的历史，不难在其中找到求变求新的精神烙印。在春秋战国时期，湘菜品种就在不断的创新之中菜品已十分丰富。屈原《招魂》中所述菜品就不下数十种。及至西汉时期，已记载有 100 余种湘菜品种和 11 种烹饪技法。至今，湘菜品种已有 6000 多个，烹饪技法也更加丰富。仅以晚清翰林、民国国民政府主席谭延闿家中宴客所制"祖庵菜为例，其系列品种就达 200 多种。一家之菜已如此之多，何况泱泱湖南？"

　　四、"兼容并包"的博大胸襟成就了湘菜的不断丰富和壮大。"海纳百川，有容乃大"，湖湘文化在长期的历史发展中，之所以能够成为一种独具特色的区域文化，就在于它具有博采众家的开放精神。这种文化交融主要体现在如下四个方面：其一，是与不同民族文化之间的交融。其二，是与不同地域文化之间的交融。这里讲的不同地域，既包括湖南内部不同地区，也包括湖南以外的国内其他地区。其三，是与不同学派之间的交融。杨昌济曾坦言："余本自宋学入门，而亦认汉学考据之功；余本自程朱入门，而亦认陆王卓绝之识。"他甚至以子思的"万物并育而不相害，道并行而不相悖"为号召，希望"承学之士各抒心得，以破思想界之沉寂，期于万派争流，终归大海"。杨氏的这种认识和主张，充分表现了湖南文化的开放精神。其四，是与外国文化之间的交融。明末清初，大批耶稣教士来华，在传教布道的同时，也传授了西方的科学技术知识。到了近代，曾国藩首倡清政府派遣出洋留学生。戊戌期间，谭嗣同等人摆脱传统束缚而大力提倡西学，甚至樊锥、易蕕等人提出全盘西化的主张，黄兴、宋教仁等人探索民主革命的救国道路，易白沙、杨昌济、毛泽东、蔡和森等人对于湖南新文化运动方向的探索，以及毛泽东等人后来进行新民主主义革命的尝试等，都蕴含着博采众家、

广为交融的开放精神。

这种"兼容并包"的开放精神，在湘菜也有着鲜明的体现。展开中国地图，湖南承北启南，引西接东，地处"U"字形排开的四川、广东、福建、浙江、江苏、安徽、山东半包围圈之腹地。这就是说，全国八大菜系在地理位置上以湘菜为中心，七大菜系所处的地理位置为湘菜的"和"，创造了客观条件。而湖南人经世致用的实用风尚又为湘菜的"和"提供了主观努力。这样，客观条件与主观努力相得益彰，成就了湘菜的特色"和而不同"：湘菜除了具有浓厚的地方特色之外，有的湘菜兼有川味、粤味，有的基于"湘"而吸闽菜之长，有的有湘菜之辣而不失鲁菜之形与气派，有的源于湘而不缺淮扬菜之"文气"雅致。清朝翰林曾广钧在玉楼东说到的"麻辣子鸡汤泡肚，令人常忆玉楼东"中的两个菜，就与川菜、粤菜"和而不同"："麻辣子鸡"，麻辣是川味，但玉楼东的祖传师傅们却辣而少用花椒，重在辣嫩。"汤泡肚"的汤色之清有粤味的风格，然而汤味的鲜醇与淡中寓浓却有别于粤菜，和而成之为湘味。再比如一款标准的苏菜红烧狮子头，入了湘菜这里，也往往能保持本色。正是因为湘菜有了这种"有容乃大、海纳百川"的胸襟和气魄，才有今天的丰富和繁荣。

湘菜素重饮食与文化的整合，极善于从历史、地理、人文、艺术等中提炼与升华出厚重的文化元素，注入至现代湘菜的包装与推广之中。源远流长的发展历史、独特深厚的文化底蕴、丰富多样的物产资源、完备纯熟的烹饪技法、琳琅满目的特色佳肴，已注定了湘菜风行天下的大势。

因情造景　借景生情
——浅谈接待中的主题宴会设计

　　我从十几岁开始学厨，到现在已经 30 多年了。最近
10 多年来，由于工作的调整，下厨房的时间越来越少，
进厅堂的次数倒越来越多，也正应了那句老话"入得厨房，
进得厅堂"。领导将我这些"不务正业"的工作看在眼里，
于是叫我来讲一讲厨房以外的事，讲一讲宴会主题设计，
我只好勉为其难，也算得上是"大姑娘上花轿——第一次"。
这几年在餐厅的工作，也机缘巧合地获得了一些掌声和鼓
励，也偶遇一些特别客气的人叫我"张大师"，其实我只
是一个厨房里出来的大师傅，他们只是嫌叫张大师傅拗口
才叫张大师。对于宴会主题设计，我只是站在了门边，至
于殿堂里面的光景，则还看不太分明。今天在这里，将我
这些年悟得的浅见薄识跟在座的各位领导、同仁和朋友一
起分享，权当抛砖引玉，希望能获得更大范围的交流，一

起学习，一起探讨，集思广益地将这门学问做得更深、更透、更好。

宴会主题设计在现代接待中的作用

我读的书不多，也讲不出学院派的大道理，只能讲一些工作中的实际体会。说到宴会设计，其实也是迫不得已才开始重视和学习的。我们省的接待条件有限，相对周边其他省份来说，实在是显得有些寒碜，没有金碧辉煌的餐厅，也没有宽松开阔的园林。既然在物质上沾不到光，只好多动一些心思，打起宴会设计的主意来，以期从这上面找回一些"面子"，为我们省的接待工作争争光。虽然起初的原由有些无奈，不过一直坚持着做下来，却发现动心思的主题设计远比好的物质条件管用，更能打动重宾的心。因为物质再好，只要花钱就能做到。而一个好的主题设计，好的就餐氛围，却是要真正用心去做才能得到的。每次宴会活动完成后，领导对我们的赞扬常常不是菜做得怎么怎么样，而是夸我们的宴会策划很成功，宴会设计做得很出色、很用心领导很感动。我想，"心"还是只能"用心"去打动。

现在我们提倡大接待，要通过接待树立湖南的品牌、湖南的形象，那我们应该怎么去做？是不是给重宾提供更

优越的硬件条件就有形象有品牌了？我想，这还得靠我们的服务，尤其靠我们的个性化服务，而主题宴会设计尤其能体现出服务的个性化。主题宴会可以通过文化、光影、情景传递更加贴切的情感，用以表达服务提供者对服务接受者的爱戴、尊敬、崇尚、歌颂、祝福等深层次感情，这是其他服务所不能替代和实现的。同时，宴会设计也是展现地域文化的良好载体。宴会的场景布置、摆台、服务等是一个开放的平台。一个好的宴会设计，能包罗历史、地理、民俗、书法、绘画、诗歌、语言、音乐等各种文化符号，能非常宽广地展现一个地区的文化特色和底蕴，从而能够达到展示地区风采、树立地区形象的目的。

做好宴会设计，为宴会活动打造一个良好的平台，营造一个良好的氛围，我想，这必将大大地增强接待为政治服务的功能性，推动大接待的实施、落实。

做好主题宴会设计需要注意的几个方面

如何做好主题宴会设计？没有一定之规，不同的人都会有不同的视角和方法。不过，也有一些规律和门道，能让我少走弯路、少犯错误。根据我 10 多年来的经验，我认为，要做好宴会设计，有以下几个方面值得注意。

首先是要"准"。所谓"准"，就是要把准每次宴会活动的政治性、目的性，做到设计有的放矢。尤其是在我们的接待工作中，如果不把好这道关，不但会闹笑话，还有可能犯下严重的政治错误。同时，还要对与会人员的群体特征进行把握和分析，不同的人群，运用不同格调的宴会设计。对俗人，如果设计得高雅脱俗，就会曲高和寡；对雅士，如果设计得俗套肤浅，就会变成下里巴人。宴会设计的目的是要产生共鸣和交流，否则，就会对牛弹琴，白费功夫。

其次是要"博"。所谓"博"，就是要多积累元素和素材，培养一定的审美能力。对各种元素和素材的表现方式和意义做到胸有成竹，这样在进行设计创意的时候，才会得心应手，迸出好的点子来。对各种元素符号的理解和把握，是做好宴会设计的基本功。

最后是要"精"。所谓"精"，就是要严格按照设计方案制作出精品来，这考量到制作团队的执行力问题。一个好的想法，如果粗制滥造，就会变成次品；而一个普通的想法，如果精雕细琢，则可能作出精品。因此，有了好的想法，还必须有好的执行力。这就需要在从设计到制作的过程中，表现出良好的控制力来，对每一道工序、每一个材质的运用都进行严格的把关。

概括起来，所谓宴会设计，无非是八个字——"因情

紫茄

造景，借景生情"。这在我的几次宴会设计经历中，感受
尤其深刻。

我的几次宴会设计经历

　　著名画家黄永玉先生 2004 年 80 岁大寿，分别在凤凰
和长沙举办一次。在凤凰家乡举办的寿宴，置身生养成长
的灵山秀水，寿宴自然成了 80 岁庆生，感恩故里的回归
情怀。因此，宴会设计的元素，就选取了表现凤凰人文风
物、故土人情的素材作为表现元素，营造出庆生感恩的喜
庆气氛。

　　而当寿宴移到长沙九所宾馆的时候，再用故土情怀已
经不合时宜，而捕捉大师风采、彰显个人魅力则成为庆祝
80 岁大寿的选择。于是我想到了：一、黄永玉形象很特
别，80 岁还带着顽童气息；二、黄永玉从来手不离烟斗，
烟斗几乎成了他的标志；三、他对荷花有偏爱，而且自封
"万荷堂主人"。把握这三点，创意就出来了——画一幅
黄永玉的油画突出寿星做寿；做一把大型烟斗放置显著位
置，宾客看到它就会联想到黄永玉；以荷花作为装饰底色，
突出他与荷花的不解之缘，一个鲜活的大师形象就寿宴上
活跃起来了。

　　"因情造景，借景生情"，是我 10 多年来宴会设计

的切身体会，不过也只是我的一家之言，宴会设计千变万化，还有很多可以探索的空间。我们现在的宴会设计，手段和方法都还比较单一和初步，谈不上什么技术，在将来条件更加成熟和完善的时候，运用现代科技手段能使宴会更加富于声光色效之美，更加立体、更加生动、更加富有时代感。百般滋味餐中求，人情世故尽其中，宴会设计是一条很长的道路，需要更多志同道合的人一起行走。

有一次国家领导人出席国防科技大学 50 周年庆典，我们经过研究后，决定把宴会的主题定为"如意中国"，决定采用食品雕刻的手段，来表现平安如意的内涵。在雕刻形象上我们采用了飞龙、长城、如意这些中国传统的吉祥意象，在食材上用了苹果和鲤鱼等富含吉庆元素的食材。

食雕源于中国，是悠久的中华饮食文化孕育出来的一颗璀璨的明珠，其历史源远流长。在春秋时的《管子》一书中，就记载有"雕卵"，即在蛋壳之类的表面上进行雕画。至隋唐时期，人们又在酥酪、鸡蛋、脂油上进行雕镂，装饰在酒宴上。唐代韦巨源的烧尾宴，有一个"素蒸音声部"，共有七十多个食雕的小人，形态各异。到了宋代，人们把果品、姜、笋等食材雕成蜜饯，造型有鸟兽虫鱼与亭台楼阁等，千姿百态。清代乾隆、嘉庆年间，扬州席上，常有厨师们雕的"西瓜灯"，北京城里，则流行西瓜雕成莲瓣的模样。像冬瓜盅、西瓜盅之类，更为常见。瓜皮上雕有精致的花纹，瓤内装有鸡鸭等美味，这些都能为宴席增色不少。所以食品雕刻是一门充满诗情画意的艺术，至今被外国朋友赞誉为"中国厨师的绝技"和"东方饮食艺术的明珠"。

随着时代的发展，我们的雕刻水平也在与时俱进，取材越来越广泛，运用范围也在不断扩大。食品雕刻日趋完善，表现手法更加细腻，设计更加逼真，制作更加精巧，艺术性更高。现在流行的新手法有琼脂雕、冰雕、面塑雕、泡沫雕、黄油雕、巧克力雕、糖雕等。新的雕刻手法的运用，使色彩更加绚丽鲜艳、还可以产生独特的金属光泽和超难度的造型。在这次宴席上，壮观的"长城"内，有平安如意的中国，九条鲤鱼在欢跃，九条巨龙在飞腾，让众位嘉宾们叹为观止，赞叹不已。

古城漫游话饮食

　　湘菜餐饮文化之考量，难免不先究其湘菜在湘的文化现状，要真正探求湘菜餐饮文化"庐山真面目"，我一直认为，走出去考察、纵横比较后，才能了然于胸。金秋十月，古城西安，第二届中国餐博会在此盛典开幕，怀着学习考察之虔诚，风尘仆仆上路，由星城出发之时，天降细雨，霪雨霏霏，到西安却已秋爽天明，阳光明媚。咸阳国际机场是中国的第四大机场，设计大气古典，深有大唐遗韵。此后的考察发现，在西安，无论从广场还是道路建设以及家具模式，都极具磅礴气象，甚至能以小显大，气势非凡，许是大唐文化的宏伟开阔已深入陕西人心，塑造了一代又一代的西安人。刚出机门，充满历史气息的宣传牌将钟楼、鼓楼、兵马俑等呈现在游客的面前，这是一种充满历史文化古韵的城市，而此刻的宣传图画，将人拉入历史的回忆。悠久历史文化古城咸阳位于陕西省八百里秦川腹地，渭水穿南，宗山亘北，山水俱阳，故称咸阳，它东邻省会西安，由此入西安是一种完美的巧合，一踏上这里，餐饮之旅就打上厚重的文化烙印。

刚入西安城南郊雁塔路，大雁塔就远远的引入眼帘，古塔斜阳，厚重雄伟，一下子似乎拉远到了它建立伊始的公元652年，沐浴着历史悠远的光辉。我们下榻在当地政府的一家宾馆，抬头可望大雁塔，濒临塔前亚洲最大的音乐喷泉。这是一家园林式的宾馆，被包裹在西安最大的花木养植基地——蔷薇园内，各种花木争奇斗艳，绿影婆娑，格调典雅的主楼建筑掩映在鲜花绿树之中。进入宾馆，迎面而来的是兵马工艺品摆设，"鉴古通今"的苍劲书法，还有独具长安画派特色的山水横幅，浓厚的古城气息扑面而来。这里入夜、清晨皆闻独具特色的秦腔，馆外即是极富创意的戏曲园，园内建筑古朴，格式古典，连路灯都是古韵古风的戏曲环纹雕塑堆积而成，其中四座色彩鲜艳的雕塑尤其引人注目，雕的是"净、末、旦、丑"四大角色，面目栩栩如生。

陕西素有"十大怪"的说法，其中倒有"五大怪"与餐饮有关："面条像腰带""锅盔像锅盖""辣子是道菜""泡馍大碗卖""碗盆难分开"。我们的考察亦由"五大怪"伊始。西安的饮食无大菜系，以小吃闻名天下，并能提供

全国八大菜系、欧美西餐、日本料理、韩国烧烤等海派佳肴，又以地方特色、风味小吃独树一帜，著名的仿唐筵席、西安饺子宴、老孙家牛羊肉泡馍、春发生葫芦头泡馍等都是久负盛名的西安名吃。西安的名小吃名目繁多，令人美不胜收，较之湖南的小吃臭豆腐、糖油粑粑等，这里的小吃似乎地域气息更浓。细究起来，这和当地的气候、风土人情、文化影响密不可分。西安地处我国关中平原中部，地势平坦，土壤肥沃，灌溉便利，山地占全市土地总面积的 56.3%。属暖温带半湿润的季风气候区，四季分明，气候温和，全年平均气温 13.2℃，光能资源丰富，雨量适中。秦地自古盛产小麦，一年两季，所产小麦质地优良，营养丰富，面质绵软，因此，自古以来秦人以面食为主，但陕西的面条就像陕西人一样实在，其厚、宽、长超出人们的想象，其状如腰带。正宗的陕西面条，调和上红彤彤的油泼辣椒、红褐色酱油醋、雪白的盐，撒上绿莹莹的芫荽和葱花，上面再卧上金灿灿的荷包蛋，红、白、绿、黄四色相间，寓意春、夏、秋、冬四季，美不胜收；闻起来，淡香扑鼻，入口软如糯米，嚼起来又筋如牛皮。陕西第二怪"锅盔像锅盖"有着深厚的历史渊源。传说在秦朝，秦军一统六国，四处征战之际，由于军中士兵所携带的干粮容易发霉变质，于是军中的伙夫就发明了今天的锅盔。这种历史影响一直延续到今天，锅盔制作工艺精细，素以"干、酥、白、香"著称。做锅盔要经过揉、摔、捏、拍、捻、压、擀、烙馍等多道手法，烙制时十分讲究，要掌握好火候，烧火用的材料是用当年上好的（麦尖）麦秸，烙制锅盔手法有："一转、二翻、三挠。"等到快出锅时候，再撒上新鲜的芝麻，黄里透焦，焦里透黄，咬着酥脆，吃着香甜。锅盔自唐、宋以来，在西安城多处设有驿店，外地客商东来西往，北上南下，锅盔作为客商的携带干粮已远走他乡。

一说起吃辣，人们首先想到的是湘菜和川菜。然而，陕西人吃辣的水准当仁不让，陕西人吃辣吃得精细，吃得文化。有人说，陕西人嗜辣如命的喜好，与陕西人爱憎分明的个性分不开的。在陕西，正宗的油泼辣椒做法颇有意思：先将辣椒风干，再放入加了少许油的热锅中加热、烘干。当辣椒出锅之后，放在一种铁制的罐中，用铁制杵使劲击打，直到成为粉末为止，等到辣椒成面以后，把辣椒用玻璃瓶密闭封存。如果要食用的话，先把辣椒拌一点盐面，然后再将菜子油在铁锅中加热到七八分热，趁着这个功夫，将热油浇在辣椒面上，一边浇油，一边搅拌，油温要求很严格，过高过低都会影响辣椒油的效果。等到辣椒油冷却以后，就可以食用了。陕西人离不开辣椒油，不仅是在吃面条时候，尤其是用锅盔和馒头直接夹着辣椒食用，

这样的方法也只有陕西人这样做，可以说是陕西人的"专利吃饭法"。当冒着热气腾腾的雪白馒头掰开以后，夹上几勺红艳艳的辣椒油，陕西人吃得特别陶醉。

俗称，到西安不吃牛羊肉泡馍算枉来，而牛羊肉泡馍要数回民食品了。关中人吃饭讲究实惠，肉是大块的肉，馍是大块馍，碗是能盛6两8两的大老碗，刚端上来的羊肉泡馍很烫，呼呼地直冒热气，吃时用筷子从贴碗的四周往嘴里拨，边拨边吃。羊肉泡馍的作法主要分煮肉、烙馍、熬汤、掰馍和煮馍。肉要煮的又酥又烂，馍要烙的又硬又黄，还要遇水不化，百煮不烂。汤用牛羊肉骨髓熬成，馍要掰得越碎越好，然后将馍、肉、粉丝、葱、盐、味精等调料加入，在炒瓢内旺火爆煮。由于烹煮的方法不同，羊肉泡馍分为煮馍和小炒。加汤的多少不同，分为干泡和不围城，这种泡馍有干有汤，又热又香。

"碗盆难分开"许让人纳闷，内行人认为，西安作为古都，经历大唐盛世，在餐饮器皿上追求的一定是精致华美，分工明确。其实不然，西安餐饮的器皿不乏文物和精美奇器，但碗盆难分开可见陕西餐具的独特历史韵味。陕西老碗，产地耀县，属于青花粗瓷。老碗表面愣头愣脑，但骨中自然透露朴实和憨厚劲，这就像陕西人的秉性一样。正宗的陕西大老碗，碗深而圆，其容量大，此碗盛饭菜省事，绝不会再来第二次。

从"五大怪"中我们不难发现，西安的餐饮特色就是在一种怡然自得中，仿佛不食人间烟火。其实，西安是开放的，西安是现代的，西安是海纳百川，而西安的小吃却一直保持着它独有的特色，几乎不可复制，这原因究其何在，后面我们将做详细的分析。小吃多了自然形成街市，和别地不同，其他城市需仿古建筑，需新开美食街，需填塞新的人文景观，如长沙之坡子街，成都之锦里、琴台，但西安不需要，它本身就是一座古城，古香古色，人文景观目不暇接，一切都似乎处在一种远古的时代之中，它的小吃一条街不但特色分明，而且历史悠久，文化味道与生俱来。城市如人，有长相、有个性，当然也有看家本领。每个城市给人的第一感觉是长相，如北京的大而宏伟、上海的博而多元、杭州的秀丽阿娜。但凡城市闻名于世的，大多都有着或自然或人文的象征，在人类文明的进程里，他们无疑构成了一个个文化的丰碑。西安，一个古老而神秘的城池，在中国上下五千年的文明史中，在普通百姓游客心中，她却是另外一个感受。如同我们提到上海就想到外滩、提到兰州就想到拉面，提到西安自然就是小吃。西安的小吃，其种类繁多，花样百出，但都不离几样东西，那就是面和肉。只是一个面，就有百种之多，先不说有"关

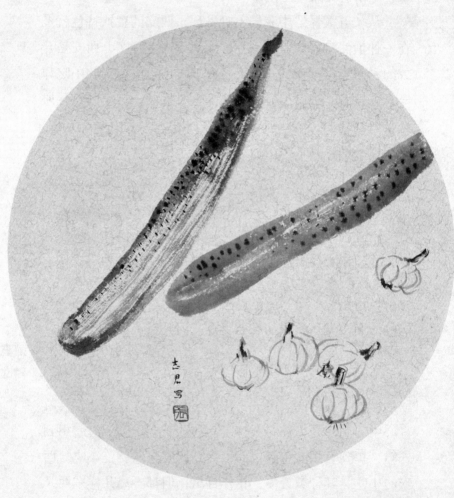

无题

中八大怪"之称的裤带面，单就说一个凉皮，就让无数美女竞咂舌。

在西安，从小姑娘到老妪，几乎每周都有那么三四顿饭是凉皮，尤其是上班族，很多人以凉皮为日常主食。调制凉皮更是一绝，一定要用关中的辣椒炒制的辣椒油与辣椒面，用陕西的柿子醋配之以在沸水中燥过的嫩豆芽，吃起来爽口润心，据说某届世界小姐候选人到西安第一件事就是吃凉皮。西安著名的是牛羊肉泡、肉夹馍，它们名声在外，众人皆知，不再累赘讲述，在三湘大地也处处可见陕西肉夹馍的身影。当然，要吃正宗的西安小吃一定得去小地方，去回民街。是夜，应朋友之邀，我们到了鼓楼坊上的回民街，这里简直是西安小吃的展览馆。穿过长长的鼓楼坊门，我们仿佛进入一个小吃的世界，陶醉在浓烈的伊斯兰风情中：一元一杯的酸梅汤；极有小资特色的钟楼小奶糕和滚雪球；红红绿绿的镜糕，摆在路边的红红炒米；烤炙讲究的肉串；正宗的羊肉泡馍；还有凉糕和凉粽、糊辣汤和麻花油茶、酸汤水饺、灌汤包等，应有尽有。陕西小吃风味独特，历史悠久，一些驰名的老字号经历几个朝代延续至今。小吃街展现的是西安的民俗食风、穆斯林特色，在这既能一饱口福，又能从餐饮上了解回族风情，令人心驰神往，还没有哪一个地方的饮食把民俗和小吃如此

紧密地结合起来。

　　来西安数日后，渐觉西安人对文化的钟爱，对唐文化的敬仰，也深刻感受到传统历史文化对西安餐饮的影响，早已由形而上变成形而下。西安南依秦岭，北临渭河，周围曲水环绕。此处，虽值深秋，我们丝毫不觉严寒；此处，自古以来就是交通要道；此处，是著名的古丝绸之路的起点。人们常说，地上文物看陕西，地下文物看河南。深厚的历史文化积淀和浩瀚的文物古迹遗存使西安享有"天然历史博物馆"的美称。这里有全世界保存最完整、规模最宏大的古城墙；总面积达 108 平方公里的周秦汉唐四大遗址；"世界第八大奇迹"秦始皇陵兵马俑等珍贵的文化遗产。此外，还有自然风貌秀美的华山、太白山、翠华山等"关中八景"名胜区。1998 年，当时的美国总统克林顿访问中国的第一站就是西安。西安是由古城墙围成的四方城，秦砖汉瓦叠砌的城墙承载着长安千年文化的厚重。罗马哲人奥古斯都曾经说过："一座城市的历史就是一个民族的历史。"西安，这座永恒的城市，就像是一部活的史书，一幕幕地记录着中华民族的沧桑巨变。为了更好地续写这部历史，西安人付出了巨大的努力，也获得了极大的成功。我们的住所如前所言，位于大雁塔旁，属曲江管辖。曲江因池水曲折得名。这里一切都有着汉唐风韵，小到地板瓷砖、路灯，大到建筑和娱乐场所。曲江在古时乃大众游玩场所，诗作犹多，以唐为盛。在亚洲最大的音乐喷泉旁，立着一个一个诗人的真人比例的雕塑，路灯上展现的是有关曲江的诗词。其中不乏名家手笔，王维、李白、韩愈、白居易、杜牧等人都有与曲江相关的诗篇传世，而杜甫的《曲江二首》、李商隐的《曲江》等诗更是千古称颂的名篇。还有李商隐的"荷叶生时春恨生，荷叶枯时秋恨成。深知身在情长在，怅望江头江水声"，佚名的"曲江池上，殷勤春在曲江头，金籍群仙台胜游，何必三山待鸾鹤，年年此地是瀛洲"，《唐·郑谷·曲江春草》的"花落江堤蕨暖烟，雨余草色远相连。香轮莫辗青青破，留与愁人一醉眠"。还有其他很多诗词名句——被当地政府装饰在灯柱上，地板也刻满了各种极富书法艺术的唐诗。现代的西方快餐店，时髦的 3D 电影院都嵌入古建筑中，看不出一点现代的气息，只有当你步入其中，置身现代装饰，才能感受到浓浓的西方味道及现代氛围。可以说文化改变了整个西安的城市布局和城市品位，不是建筑，不是简单的仿造，而是浸透文化的影响，文化业已指导西安人日常的行为方式，影响深入骨髓。涉及饮食，就是任何饮食到了西安，都被无形地烙上了文化的踪迹，文化不浓的饮食到了西安，立马变得"文化"起来。因此，要发展具有真正意

　　义上的特色餐饮文化，首先要培养具有文化底蕴的文化人，要塑造整座城市的文化品位或功能特征。怀着对自身文化的自豪感，对远古先进文化的归属感，西安小吃永远有着自己的特色，不媚俗，不追雅，独树一帜，千古流传。

　　在古城，感受最深的是中华传统文化的同化力，悠悠人类文明中，以中华文明根基之深厚、特色之独到而独树一帜，中华文化的特质在于其不易被吸收改造，一切外来文化进入其中都难逃被同化的命运，文化异化在中国文化史上几乎没有大规模的存在。中国文化以中原文化为主干，这一主干虽屡遭外来民族的统治，如元之蒙古，清之满族，但其文化本质从未发生重大的改变。在西方文化日益冲击的今天，在文明的冲突大行其道的现代社会，西安较为完好地保持了它独有的文化特点和文化遗迹。西安是黄河文化的集大成者，距今约6000~7000年前，黄河中下游地区经历新石器时代母系氏族公社高度发展的仰韶文化时期。距今约4000~5000年前，黄河中下游地区继仰韶文化之后，经历父系氏族公社的龙山文化时期。龙山文化相当于古籍传说的中华民族人文初祖皇帝时代，历史由混沌步入朦胧。在西安出土文物中有一系列是我国最早文化的实证，如出自半坡的最早的农渔工具、最早的陶窑、最早的陶文、最早的土木建筑、出自何家湾的最早的骨雕人头像等。西安境内史前文化遗址囊括旧石器时代、新石器时代母系氏族公社、父系氏族公社等人类社会演进各历史阶段的多种类型，构成人类社会进化史上举世罕见、层次清晰的完整系列。西安所在的关中地区被称"中华民族摇篮"，不仅是中华民族的重要发祥地，也是整个亚洲重要的人类起源地和史前文化中心之一。西安，是华夏文明的发祥地，是文明世界的历史文化名城，是中国建都朝代最多最久的古都。先后有西周、秦、西汉、唐等13个王朝在此建都，历时1100多年，与雅典、罗马、开罗齐名，并称为世界四大文明古都。周幽王、秦始皇、汉高祖、汉武帝、隋炀帝、唐太宗、武则天等近百个皇帝在这里度过了他们的宫廷生活鼎盛的汉唐时代。西安是举世文明的"丝绸之路"的起点，人文荟萃，英才辈出，名列《二十五史》和其他史书中的人物，就有1000多人。他们或是土生土长，或者长期生活创业于斯，但都创造了光辉业绩，对中华民族的发展、演进作出了巨大的贡献。如古代政治家周公、吕尚、商鞅；思想家董仲舒；历史学家司马迁；发明家马钧；医学家孙思邈；天文学家僧一行；军事家周亚夫、卫青、霍去病；书法家吴道子等；诗人李白、杜甫、白居易、王维、韩愈、柳宗元、司马相如等；现代诗人王独清；著名作家柳青以及戏曲家孙仁玉、范紫东、马建翎、封至模等；书

画家何海霞、赵望云、石鲁。其中何海霞即是我恩师，恩师开创了长安画派，提倡了写生创作，影响深远。西安不但人才辈出，还给人类留下众多的古代遗迹和文物宝藏。如秦始皇兵马俑坑、碑林、明代城墙、钟鼓楼、大小雁塔以及周秦汉唐宫殿遗址等，西安文物之多，等级之高，均居全国之首，因此说，西安是一座世界级的历史文化名城。因为西安文化的如此深厚，人文景观的如此完备，比较其他地方，它的文化影响力巨大。盛唐时期，中华大文化圈以西安为中心，辐射整个欧亚大陆，东远至日本，南远至南亚，西远至埃及，北远至北欧，文化影响通过丝绸不断向外传播。如今我们一直提倡"走出去"，而事实上，西安已经达到了让别人"走进来"的境界。考察期间，慈恩寺前，兵马俑坑体内外，成群的国际游客和研究专家、学者拥入这里，直接带动了西安经济的发展。西安餐饮文化多姿多彩，兼收并蓄，但是西安的饮食特色没有受到外来文明的冲击，依旧保持了它原有的特色，文化的同化力在这彰显。这期间怀着对绘画恩师何海霞的怀念，特赴书院门拜访其家人。穿过书院门的牌楼，街是青石板铺成，街两旁都是些仿古建筑，里面是密密麻麻的店铺：卖湖笔端砚的，卖名人字画的，卖古籍的，制印的……每家店铺都古色古香、老板袖着手坐在屋子里面，或捧一只紫砂壶，或手里旋转两颗翠玉保健球，眯着眼，决不吆喝。那些极有特色的农民画和剪纸挂满了窗户、货架，静立风中，煞是好看。西安人普遍钟情古文物，喜好字画，随便走进一个西安人家里，可能没有笔记本电脑大屏幕彩电，但必定有几枚古钱、几片瓦当，几本邮票和古书，几幅于右任或石鲁的字画。据说，有人家装修房子或乔迁新居，一般会来书院门挑选一些当今名家字画或古代名人字画拓片装饰其中，许多普通市民家中，中堂上都悬挂"读书是福，开卷有益""书中自有黄金屋，书中自有颜如玉"等条幅。何老在西安的家刚好在书院门入口，何老儿子儿媳热情地接待了我，谈起何老旧事不免伤怀，观赏昔日恩师的画作，心潮澎湃，听其儿媳曹湘秦女士讲述何老当年创造大明宫图的情形，伤感的情绪几不能自禁。曹女士向我展示了大明宫图，只见殿沿龙首塬迤逦而上，与后面山势浑然一体，瑞气祥云，历历可见，雕梁画栋之间，仕宦如云，宫女穿行。据曹女士告知，恩师的真迹大明宫图已渺茫难寻，此画是她所临摹之图。真画已于1981年送给日本奈良，因为奈良的城市建设采用了大量唐朝建筑风格，其部分宫殿还借鉴了唐大明宫含元殿的风格。此画是恩师亲自前往大明宫遗址跑了几趟，进行实地考察、采风，寻找灵感，前后用了一个月的时间才画成的，轮廓线条是基于大明宫遗

址挖掘出的一块碑的拓片的平面单线图。后来重建大明宫就是在恩师此画的基础上进行，看着画中富有变化、笔直的长线条，念起恩师教导，又一阵伤感。恩师曾教诲道：绘画直线一定不能用尺子，一定用手直接画，这样线条才有生命，才会生动。

掌灯时分，曹女士这一名闻画坛的湘妹子，热情邀请我们到永宁宫大香港鲍翅酒店就餐。夜色古风飘扬，华灯闪耀，酒店外的古城南门上，灯星相映成趣，让人迷离。一入酒楼内，迎面则是富有佛教文化特色的弥勒佛玉像，重达8吨，由缅甸玉装修而成。入了包房，首先映入眼帘的就是一幅犹如行云流水而又苍劲有力的字画。后来得知，此书法出自酒楼老总梁诚威之手。文化人办文化餐饮，在心理上给人的感觉就迥然有异，自然，亲切，充满文化气息。据曹女士介绍，永宁宫刚开业时，虽然是正宗的粤菜、正宗的鲍鱼，选择的是黄金地段，永宁宫外亦是飞阁雕檐，极具古韵，但此地生意一直不好，后来老板开始吸收当地风味特点，加入西安小吃元素，生意才火爆起来。也就是说这里的餐饮被西安深厚的文化民俗同化了，餐饮文化不再具有粤菜的显著特征，但却赢得了酒楼的蓬勃发展。另据传，西安湘菜餐馆不少，但大多皆已失湘菜香辣的口味特点，而带有西安小吃酸辣带甜的意味。湘菜文化根基深厚，虽没有被彻底同化，但也无奈于入乡随俗，其实这正是湘菜的新发展，看起来你是别人的口味，但你还是湘菜的品牌，扩展了湘菜的发展空间。同些许根基不深的菜系被同化成当地菜肴不同的是，湘菜需要考虑如何在文化同化中充实湘菜本身的文化内涵。而在湘菜大本营——湖南，则是如何打造文化之都、历史名城，充实湘菜文化内涵，增强吸收能力，具备同化其他文化为我所用的实力。

考察完毕，临别古城，好友安排我们去华清池、华山和碑林观光旅游。车过古城内城，西安城内毫无高大建筑，西安人说这是为了保护古城风貌。在西安，出租车司机随时可以给你讲上一段典故，温故几首唐诗。在西安，公交车广播里播放的是唐明皇和杨贵妃的凄美爱情。在西安，路人随时可能给你来上一段高亢的秦腔。在西安，现代的建筑似乎不伦不类，缺少了古典的建筑似乎不属于这种城市。在西安，选址条件苛刻，你无法在现代超市中发现财大气粗的麦当劳，它们隐藏在古朴雄伟的唐古建筑内。可以说，文化的空气笼罩着西安，连麦当劳等西方餐饮巨头也难逃同化之俗。试问一下，我们有哪座城市能达到如此境界。出西安古城东行，不久就到了名闻天下的华清池，在这里我们看到了杨贵妃的雕塑，看到了当年皇室洗浴的池子，看到了自然吹干头发的风台，还有那恒温 41 度的

温泉，更主要的是看到了蒋介石的五间厅，西安事变中那清晰的子弹孔，当年的一幕仿佛亲眼所见。由华清池而出，不过半小时车途，即是秦兵马俑，高大的秦始皇雕像矗立在兵马俑纪念馆前，注视着来往游人，威严犹在。接待人员安排我们由偏门而入后，首先是一座现代化的介绍兵马俑挖掘和历史的环型电影院，影院中的兵马俑气势磅礴。而事实上，进入兵马俑一号墓，见到 2000 年前真正的兵俑，震撼才深入心扉，仿佛看见当年秦始皇统领将士，万马奔腾，一统天下。出兵马俑博物馆后不久即到华山，华山险绝果然名副其实，智取华山道，金庸的华山论剑处等都是游人如织。有人评价我的画是厚重深邃，满纸重彩却层次分明，登华山才知，画的境界如登山，心高则艺厚。此山令我豁然开朗，胸中荡荡然有浩然之气，如有文房四宝，在此将山尽情绘画，古城之游无憾矣。而在碑林，看到了日本对中国书法的钟爱。中文本乃日文之母，书法艺术又受日本人敬仰，因此碑林看到大量日本游客就不足为奇了。有关华清池、华山、碑林，网上资料浩如烟海，不再累赘。由碑林结束西安之行，意犹未尽，有机会一定故地重游。

大唐餐饮的现代启示录

古城西安作为 13 王朝的定都之地，彪炳史册，仅一个唐王朝就让它融会东西，博大精深，全面辉煌，成为当时世界文化圈的中心。唐代是中国封建社会最强盛的王朝之一，经济强盛，城市繁荣，文化昌盛，人才辈出，幅员广阔，国力鼎盛，外夷四服。令人称羡的秦始皇兵马俑，西安事变的见证者等，在大唐的全面辉煌面前皆失色，悠久的历史文化足以让西安人自豪。大唐一朝，改变了中国太多东西，也塑造了西安这座城市，影响至今犹在，这其中就包括饮食。

中国是一个民以食为天的国家，大唐也不例外。唐朝推行均田制、租庸调制、府兵制和科举制，经济振兴，国库充实，诗歌、绘画、书法等领域都有巨大成就，加之建立安西、渤海等都护府，扶持南诏政权，文成公主入藏，疆域空前辽阔，成为中国封建社会发展过程中最强大的王

朝之一。同时又开辟丝绸之路，派玄奘到印度取经，同日本、朝鲜保持睦邻友好关系，使长安成为亚洲经济文化交流中心，这一切为中华餐饮的发展开创了有利局面。当唐人街的中餐馆遍地飘香，当克林顿赞赏起西安的凉粉，唐代饮食的影响众所周知。饮食反映的是一个时代、一个国家的经济、政治、文化风貌。今日湘菜之所以俨然成为中国餐饮的第四次浪潮，同中部崛起的历史契机，长株潭城市一体化的经济大略以及流风所被化及千年的湖湘文化是密不可分的。在大唐王朝，国家繁华推动了饮食的发展，饮食反映了大唐及其文化的鼎盛。由于唐朝社会安定，四邻友好，农业达到了超前的水平，我国封建社会政治、经济、文化发展达到前所未有的高峰，举国上下一派歌舞升平的繁荣景象。从整体上来说，人们的生活是安定了，生活水平提高了，体质增强，人们体态肥胖，以致流行以胖为美；而达官贵人、富商大贾更过的是"朝朝寒食，夜夜元宵"的豪华奢侈生活，以致出现了汇集前代烹饪艺术精华，同时给后世以很大影响的"烧尾宴"。此宴美味陈列，佳肴重叠，其中有 58 款肴馐留存于世，成为唐代负有盛名的"食单"之一。这 58 种菜点有主食，有羹汤，有山珍海味，也有家畜飞禽。其中除"御黄王母饭""长生粥"外，共有 20 余种糕饼点心，其用料之考究、制作之精细，叹为观止。例如，光是饼的名目，就有"单笼金乳酥""贵粉红""见风消""双拌方破饼""玉露团""八方寒食饼"等七八种之多；馄饨一项，有24种形式和馅料；粽子是内含香料、外淋蜜水，并用红色饰物包裹的；夹馅烤饼，样子作成曼陀罗蒴果；用糯米做成的"水晶龙凤糕"，里面嵌着枣子，要蒸到糕面开花，枣泻外露；另一种"金银夹花平截"是把蟹黄、蟹肉剔出来，夹在蒸卷里面，然后切成大小相等的小段……可见，"烧尾宴"彰显了大唐的文化，也展示了大唐的昌盛。在国都长安，更有"冠盖满京华"之称，是财富集中，人才荟萃，中西方文化交流的中心。这为饮食行业的兴旺发达，创造了良好的条件。

大唐文化繁花似锦，其中最能唤起共识的自然是唐诗，唐诗犹如我国文化史上一颗璀璨的明珠，生动地反映了盛唐的社会经济面貌，是我国珍贵的文化遗产之一，而通过唐诗我们恰恰能体验到大唐饮食的发达与鼎盛。杜甫虽非楚人，但和湘菜结下不解之缘，"暮秋思归故里，乃孤舟入洞庭"，晚年的杜甫飘泊于湖湘之地，赁居潭州（今长沙）江阁两年有余。湘水之畔，长沙人建起一座气派典雅、终日望江北去的杜甫江阁，用以纪念这位伟大的诗人。据考，杜甫出生在烹饪世家，乃父大诗人杜审言是膳部郎中，因而在杜甫的诗作流传很多有关饮食的诗句，且对烹饪技

巧的描写细致生动。"长安冬菹酸且绿，金城土酥净如练，兼求畜豪且割鲜，蜜沾斗酒谐终宴。"在杜甫这首诗中，体现了饮食上的和谐之道。蜜沾斗酒谐终宴，杜甫记载的是一桌普通简朴家宴。今日我们大力倡导和谐社会，饮食是一个重要象征，和谐社会首先要满足人民的饮食和谐，而百姓的饮食也能检验一个社会的生活品质。大唐在历史上是一个比较和谐的国家，政治清明，国力昌盛，经济发达。从杜甫的诗中，我们看见了碧绿的长安泡菜，这种泡菜比当今风靡世界的韩国泡菜不仅历史悠久，而且制作工艺先进。在杜甫诗下的这桌家宴上，乳酪洁白如练，还有蜜汁酒散发着清香，绿的冬菹，红的鲜肉，黄的蜜酒，白的乳酪，构成了色香和谐，读后令人垂涎三尺。此外，唐朝很多诗人的诗歌展现了当时饮食的独特和发达，如李白的"金樽清酒斗十千，玉盘珍羞值万钱"，体现了当时饮食器皿的发达；白居易的"胡麻饼样学京师，面脆油香新出炉，寄于饥馋杨大使，尝看得似辅兴无"，反映的是唐代饮食的色味俱佳；还有刘禹锡的"纤手搓成玉数寻，碧油煎出嫩黄深"，体现的是食品操作技巧等。在这些诗歌及其他一些文献记载中，我们已然能发现唐代饮食当时的盛况：

烹饪著述繁巨。随着雕版印刷的盛行，加上唐代饮食发达，出现了很多饮食专著。事实上，无论是大唐饮食还是现代餐饮，都离不开专业书籍的推广和宣传，离不开经验的总结和流传。随着饮食业的发展，大唐有关烹饪饮食的著作大量涌现，耳熟能详的就有好几种。如陆羽的《茶经》，对唐代的各产茶基地及名茶品评有专章介绍。"药王"孙思邈的《千金食治》，收集药用食物150种，皆一一详加阐述。他的另一著述《养老食疗》，设计出长寿食方17组，开老年医学中食物疗法的先河，对摄生学（保养身体的科学）也有建树。欧阳询等人奉唐高祖之命编撰的《艺文类聚》，专设"饮馔部"，共72卷，分为食、饼、肉、脯等类，汇集了1300年前的众多烹饪资料。

食材用料丰富。在唐朝，主副食都很丰富，光饭就有好几种，黄粱美梦众人皆知。除了黄粱饭之外，还有大麦饭、粟米饭、青精饭、乌饭、团油饭。唐代的粉面类食品不仅花色繁多，种类多样，而且用料广泛，种类有饼、酥、糕、包子、饺子、馄饨、面条等，花色技巧仅以花糕而论，就有紫云糕、水晶龙凤糕、米锦糕等，用料上，已运用酥、酪、乳、糖、肉等多种原料。彭大翼在《山堂肆考饮食卷二》写到："唐代武则天，花朝日……采百花……蒸糕，以赐群臣"，可见当时用料之广。此外，粥也有好几种，粟粥、乳粥、豆沙甜粥、杏酪粥等，有诗云："粥香扬白杏花天，省对流莺坐绮筵。"（李商隐）"杏酪渐香邻舍

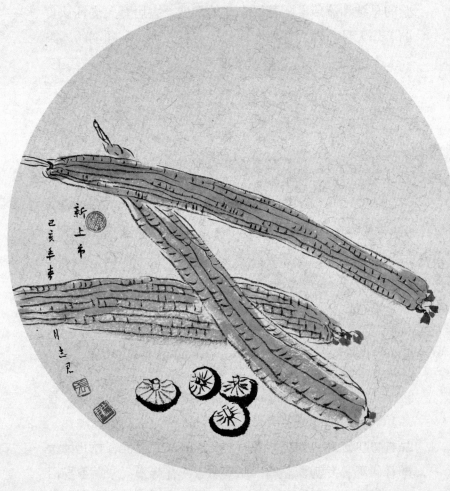

苦瓜

粥，榆烟将变旧炉灰。"（崔橹）唐代的菜肴和主副食一样，名目繁多。以炙品为例，就有用羊、鹿舌拌的"升平炙"，用生虾烹的"光明虾炙"，用活鹌鹑炙的"筋头春"等，此外还有"乾炙满天星""鹅炙""驼峰炙"等。而在宴会的菜上来讲，韦巨源的"烧尾宴"里的食单可以和后代的"满汉全席"媲美。大唐时期，烹饪原料进一步增加，通过陆上丝绸之路和水上丝绸之路，从西域和南洋引进一批新的蔬菜，如菠菜、莴苣、胡萝卜、丝瓜、菜豆等。还由于近海捕捞业的昌盛，海蜇、乌贼、鱼唇、鱼肚、玳瑁、肉、对虾、海蟹相继入馔，大大提高了海错的利用率。另据《新唐书·地理志》记载，各地向朝廷进贡的食品多得难以数计，其中，香粳、紫杆粟、白麦、荜豆、蕃蒳、葛粉、文蛤、糟白鱼、橄榄、槟榔、风栖梨、酸枣仁、高良姜、白蜜、生春酒和茶，都为食中上品。在油、茶、酒方面，也是琳琅满目。如植物油，有芝麻油、豆油、菜籽油、茶油等类别；此时厨师选料，仍以家禽、家畜、粮豆、蔬果为大宗，也不乏蜜饯、花卉、蕴含材以及象鼻、蚁卵、黄鼠、蝗虫之类的"特味原料"。同一原料中还有不同的品种可供选择，如鸡，便有骁勇狠斗的竞技鸡、蹄声宏亮的司晨鸡、专制汤菜的肉用鸡以及形貌怪诞、可治女科杂症与风湿诸病的乌骨鸡等。

　　炊具餐具先进。有道是：工欲善其事，必先利其器，饮食之道概莫能外。从燃料看，唐代较多使用煤炭，出现了耐烧的"金刚炭"（焦煤），还认识到"温酒及炙肉用石炭"；"柴火、竹火、草火、麻核火气味各不同"。唐朝的火功菜甚多，与能较好地掌握不同燃料的性能有直接关系。炉和灶也有变化，当时流行泥风灶、小缸炉和小红炉。还发明了一种"镣炉"，它是在小炉外镶上框架，能够自由移动，利用炉门拔风，火力很旺。在餐具中，最主要的是风姿特异的瓷质餐具逐步取代了陶质、铜墙铁壁质和漆质餐具。唐代有邢窑白瓷和越窑青瓷，制作精良，工艺先进，至今很多海外国家还称中国瓷为唐瓷，其水平可见一斑，如大诗人陆蒙赞美青瓷写到："九秋风露越窑开，夺得千峰翠色来；好向中宵盛沉潋，共嵇中散斗遗杯。"但唐代瓷器虽相当发达，金银饮食器皿使用也不少，据《酉阳杂俎》中记载，安禄山恩宠无比，在一次赏赐中就有："金银馄饨盘""金大脑盘""银平脱食盘"等几十种。在江苏丹徒出土的一个大型唐代银器窖藏，出土的饮食用具就有酒瓮、盆、托子、碟、盘、瓶、锅、勺等956件，其中有一套少见的盛唐时的银涂金筹令酒具，光令筹就有50枚。在李白的诗中出现的金樽、月光杯等也反映了当时器皿（特别是金银打造）的发达和先进。

烹饪技法纯熟多样。在烹调技法方面，唐代饮食很突出的成就是工艺菜式（包括食雕冷拼和造型大菜）的兴起。中国的食品雕刻技术源于先秦的"雕卵"（鸡蛋），到了汉魏有"雕酥油"，进入唐则是雕瓜果、雕蜜饯。用于盛筵，相当漂亮。食雕的发展，推动了冷菜造型，拼碟的前身，是商周时祭祖所用的"钉"（整齐堆成图案的祭神食品），后来演化成将五色小饼做成花果、禽兽、珍宝的形状，在盘中摆作图案。唐朝的冷拼又进一步，先用荤素原料镶摆，如"五生盘""九霄云外食"之类，刀工精妙，这种影响一直延续到后代。特别是比丘尼（尼古）梵正创制的"辋川小样"，更系一绝，这种大型组合式风景冷盘，依照诗人王维所画的《辋川图二十景》仿制而成，用料为脯、酱瓜、蔬笋之类，每客一份，一份一景，如果座满20人，便合成《辋川图全景》。唐朝造型热菜亦多，牡丹是唐朝人的最爱，用鱼片拼作牡丹花蒸制的"玲珑牡丹"，红烧甲鱼上面装饰鸭蛋黄和羊网油的"遍地锦装鳖"以及"花形馅料各异、凡二十四种"的"生进二十四气"馄饨等。体现了唐朝烹调工艺已有全新的突破：捣烂的酸腌菜，平得像镜子可以照见人影；馄饨汤清彻明净，可以磨墨写字；春饼薄如蝉翼，能够映出字影；饭粒油糯光滑，落在桌上不沾；面条柔韧像裙带，可以打成结子；陈醋醇美香

浓，能当酒喝；馓子焦脆酥香，嚼起来声响惊动数里。其中虽有夸饰之词，但不完全失真……

宴席水平高超。唐代不仅宴会多而且筵宴水平甚高。据王赛时先生的文章介绍，唐代宴会形式多样，每逢良辰、佳节、喜庆、闲暇时机都可成宴，并通过传食聚饮寻求生活的乐趣。唐代宴会大抵有聚宴、节宴、游宴、夜宴等多种形式，宴会多，传诗文，享佳肴是唐代宴会的主要特点，且文化活动和饮食紧密结合起来。在游宴中，饮食置身自然美景，才子佳人吟诗作对，此情此景令人陶醉，其菜点之精，名目之巧，规模之大，铺陈之美，令后人惊叹。如前所说，杜甫在"长安冬菹酸且绿，金城土酥净如练，兼求畜豪且割鲜，蜜沾斗酒谐终宴"一诗中，记载是一次普通的家宴。家宴尚且如此，宫廷贵族宴会更甚，现能见到的唐代《烧尾宴》菜单中主要菜点就有 58 道。地方风味演化到唐代，也初现花蕾。不少餐馆首次挂出"胡食""北食""素食"的招牌，供应相应的名馔，聚会期间进这些餐馆饮食玩乐也是当时的一大流行。其中，"胡食"主要指西北等地的少数民族菜品和阿拉伯菜品，与现今的清真菜有一定的渊源关系。"北食"主要原因指豫、鲁菜，雄居中原"素食"主要指佛、道斋菜，逐步由"花素"向"清素"过渡。这些菜式，在《食经》《酉阳杂俎》均见记载。

食肆繁华热闹。饮食网点相对集中，名牌酒楼多在闹市。我们考察去过的回民街、小吃一条街以及清真古街等，早在唐朝就已经形成，今天的规模和当初并无两样，唐代长安（今西安）有 108 坊，呈棋盘式布局。各坊经营项目大体上有分工，如长兴坊卖面食（包子之类的食品），辅兴坊卖胡饼，胜业坊卖蒸糕，长安坊卖稠酒（米酒）。长安城一到开市之时，茶楼，饭馆，顾客盈门，好不热闹，早、夜市皆生意兴隆。另外，唐代泥人中，有很多货郎的形象，这些货郎很多是食贩，他们挑担深入街巷，居民购食方便迅速。当时是"市食点心，四时皆有，任便索唤，不误主顾"。因此在唐朝，无论是饭馆茶肆还是城镇乡村，饮食业都十分繁荣。

作为文化的一部分，大唐饮食是对当时时代的一种反映，从中我们可以初步窥探出一些规律，即餐饮和文化兴盛息息相关，以食养文，以文化食，也与社会生产力息息相关。生产力的进步，各种技术的发明和应用，为唐朝饮食提供了丰富多样的食材和烹饪工具，也为饮食的文化传播提供了科学载体。通过对大唐饮食文化的探究，以史为鉴，也许可以帮助我们冲破现代餐饮的诸多迷思。

注重经营

唐朝人普遍善于多样化经营，讲究经营策略，也就是当今的营销。唐朝对饮食的管理实行的是集中制，相当于现在的划行归市，因为集中，饮食之间竞争相当激烈，如长兴坊专卖包子，辅兴坊专卖胡饼，胜业坊专卖蒸糕，长安坊专卖稠酒，再如"胡风烹饪"主要在游人如织的曲江风景区。同品同坊，许多店家为了能在市场上争得一席之地，在招聘名师、装修门面、更新餐具、改进技艺、推出新菜、招徕顾客方面，无不大用心计，妥善经营。比如点面结合，拓宽营销渠道。在坊内立足的同时，将一些知名的糕点或者出品让利给食贩，由他们走街串巷，在提高了产品销量的同时，也提高了品牌能见度和知名度。注重精准定位。酒肆茶楼实行个性化服务，店和店之间建筑格局与布置装潢差别明显，价格亦分档次，用以满足不同层次人群的需要。而在同一店内雅座分级划分，普通座一般朝天对地，追求自然。注重提供多样化的服务。比如送货上门，可以记帐、预约，此外还兴起了承办筵席的机构，主人"欲就园馆、亭榭、寺院游赏命客（请客）之类，举意便函办"，只出钱，不出力，自在洒脱。

注重质量

严格把握原料、出品质量，有关讲究饮食出品质量，家喻户晓的一个典故既来自唐朝，即"一骑红尘妃子笑，无人知是荔枝来"。这在历史学家眼里，看到的是唐朝的哀叹，是对唐明皇和杨贵妃爱情的讽喻，而在饮食专家眼里看到的是唐朝对饮食产品质量的喜好和重视。烹饪原材料的质量直接关系到出品的质量，因此唐朝十分重视食品的保藏和卫生。如对鲜果的保藏，唐代就有很丰富的经验，为了保证鲜果的色香味不变，唐朝人十分注重保藏的总结，荔枝在白居易《荔枝图序》中写到：一日而色变，二日而香变，四五日外，色香味尽去矣。广州产的荔枝在当时要运动千里之外的长安，唐朝人使用的是以蜡封其枝，或蜜浸之的方法。在当今冷藏技术发达的情况下，自然不再用这种方法，但这种注重保藏的意识是值得我们肯定的。又如运送保藏柑子。据《大唐新语》记载：益州每岁进柑子，皆以纸裹之。这种保藏方法在今天仍是我们普遍采用的方法。此外唐朝还掌握了防腐剂保藏食物，低温保藏法等技巧，对于剩下的和未加工的食品，唐朝人普遍采用冷水窖藏的方法，这种方法流传至今还被广泛运用。在唐朝有专门的专家开始研究食品的卫生对人身体健康的重要性，最

突出的就是孙思邈，他要求"美食需热嚼，生食不粗吞"，原因在于生食有很多寄生虫和细菌，容易生病。在宫廷内，有官员专门负责出品的质量。唐代名厨辈出，也都十分注重原料和出品质量，因而保重了大唐饮食的发达和兴旺。

注重经验总结

　　牛顿说，他的成功是因为站在了巨人的肩膀上。同样，餐饮业的发达对饮食文化和技巧的总结是分不开的。目前，湘菜在这一部分力度是不够的，至今还没有一本权威的湘菜杂志，缺少一个良好的交流平台，对湘菜文化的推广和湘菜烹饪技艺的总结都十分不利，急待改变。唐朝注重经验总结体现在它的专业著作上。如前所说，唐代烹饪著述丰收众多，而且分工明确，除了针对茶的《茶经》之外，还有针对烹饪鱼和鱼的习性的《鱼经》，以及《蜜饯经》《醋经》等，典籍浩繁，汗牛充栋。

注重交流

　　目前，一些地方尚存在行业相轻的不良风气，自设篱墙，断绝交流。相反，在唐朝则比较开明，唐朝的名厨很多才华横溢，不仅能诗文，也喜欢互相交流，吸收外来的文化，充实自己的实力。如在唐僧从印度取经归来后，唐朝的工艺菜就开始流行起印度风情的造型来，而鉴真出使日本不但带过去大唐的文化，也带过去大唐的饮食，日本的饮食至今还有浓厚的唐代特色。文成公主入藏，带的大量艺人之中就包括庖官。唐代国力强大，商贾往来频繁，国际交流兴盛，促成长安"万方来朝"，胡汉长期杂居。胡汉在饮食生活中互相学习、互相吸收，并最终趋于融合。

注重管理

唐朝对餐饮的管理是严格和先进的，在唐朝相当注重餐饮的管理，这在宫廷饮食管理中体现得尤为突出。一种菜系，虽可高中低档百花齐放，但若论代表性，高档菜体现的才是菜系的至高水平。据考证，唐代的宫廷饮食管理组织完备，机构庞大，但是职能明确，分工科学，层层负责，从饮食的原料选择、配制，到食品制作以及饮食的营养、保健、卫生等方面，都有严格的职能范围和管理制度，保证了饮食的高品质。中国自夏启伊始，朝廷便设有专门的饮食管理机构，并设置了御厨、庖官等职。因为国力的昌盛，宫廷饮食管理机构发展到唐代，更加庞大，分工更加明确，按照宫廷饮食的服务范围，唐朝主要形成了宫廷、内庭和东宫三大系统。宫廷饮食管理机构主要负责天子的饮食和祭祀，以及宫廷宴会等饮食服务。内庭饮食机构主

要是宫官尚食局，专门供给后宫嫔妃等饮食，设尚食。在韩国电影《大长今》一剧中，大长今担任的尚宫相当于此种职位。东宫饮食管理机构主要负责太子饮膳及祭祀以及招待宾客等，主要有典膳局、太子家令寺庙。我们以负责天子饮食的宫廷系统为例，机构设置主要有光禄寺、殿中省尚食局两个部门。光禄寺的长官为光禄卿，从三品，掌邦国酒醴、膳羞之事，光禄卿以下设少卿，相当于现在的总经理助理，主要负责协助光禄卿工作，并负责采购，"朝会宴请，量其丰约以供焉"。唐律还规定了食禁，等级供给等制度，如果违反最严厉的将被处绞刑。唐律规定，各相关部门要各司其职，不得马虎，宫廷御食等全程监督，严把质量关，安全关，对饮膳制作、食品卫生和饮食保健等要求极高。有人会说，做给皇帝吃的当然不一样。但是在今天，顾客是上帝，是你的衣食父母，直接关系你的生意成败和一家生计，我们是不是应该提供比对待皇帝更好、更安全的食物呢？

注重文化

餐饮的包装现代追求的是一种文化的包装，如何使得包装文化体现大有学问，有些餐饮装修花费巨大，表面上富丽堂皇，实际上非雅反俗；有些餐饮装修虽以简单普通的道具，极富创意的陈列，给人一种典雅高贵的感觉，因此现代餐饮对雅俗文化的把握十分重要。唐代的一些小酒肆茶楼，成本小，利润低，没钱过多的装修，看起来有点土俗，但是他们一般挂上名家的字画，或者自己创作一些名家的诗作，简朴地摆设在茶楼酒肆内，散发着一种淡淡的雅，同时又俗得很亲切。而在胡人开的一些酒家，他们同样挂上独具特色的民俗的装饰，给简单古朴的酒楼增添了异国的风采，这些都是雅俗文化在当时餐饮中的体现。其实，雅俗不仅体现在包装，亦体现在服务。唐朝宴饮中的娱乐助兴众多，包括席间乐舞、席间歌唱、百戏表演、席间戏弄等。在现代餐饮中，这些席间表演也早已复兴，如在餐博会期间，内蒙古展台就请来民间歌手，演唱民族歌曲，别有一番风味。这些席间助兴的服务中，很明显的体现雅和俗，席间挥毫笔墨，创造字画自不必说，吟诗做对自然也是一种雅，这种雅在唐朝体现的最明显，那么其他的呢？宴饮娱乐在现代餐饮服务中占有重要的位置，餐饮和休闲的结合在这当中体现的很明显，然而，我们以席间助兴为例，在唐代的宴饮中，往往设置女侍，她们主要负责陪乐和劝酒，文前所说的诗仙李白"细雨春风时，挥鞭直就胡姬饮""胡姬貌如花，当垆笑春风"说的就是席间助兴。唱歌表演、吟诗唱对、嬉笑打闹在这里为宴饮增

添了雅趣，相比现代某些餐饮助兴，过于纯粹的玩乐是相当不雅的，俗到有失身份则遭人非议。

我们穿越数千年的历史迷雾，去探究了大唐饮食文化初貌，并进行了粗疏的解读和研究。它繁盛的景象、丰富多彩的美食令我们向往，而它兴盛背后的原因，也给了我们诸多的启示。虽然我们相隔千年，所处环境和发展接待都截然不同，但是我想美食的规律是没有改变的，美食的美是不会改变的，我们可以借鉴唐人的智慧，充分运用现代的科技、文化、工具，来做出更多更好的美食，来塑造更多更好的品牌。

附录一 湘菜赋

丁亥之春，三月既望，春回大地，万物皆欣，适值湘菜苑启，以文述之，是以为赋：

浩乎千年，泱泱湘菜，先祖炎帝神农，既已躬耕于湖湘，湖湘之地，故楚国也。地方千里，物阜民丰，楚人纵马鸣镳，驰逐其间，掩兔弋雉，射麋格麟。既收所获，割鲜胹炙，肴酒尽乐，高歌欢唱。方此之时，固已肇湖湘美馔之端矣。其后日高乎上，迄于明清，蔚然综成大观；降及今日，则独领风骚于食林，远播声名于海外，八荒之内，皆知其美。

或曰：湘菜嗜辛辣，非谦和君子之所宜。此庸人之见，未足与论君子也。夫不辩是非，伊优懦弱，而徒以温淳为名，岂真君子哉？君子者，以澄清宇内，匡衡天下为志，疾恶如仇，慷慨壮烈。若屈子嫉楚国之无道，怀沙投江；

若贾生伤汉代之涸乱，痛哭太息。若范文正感天下之忧戚，不肯独乐；若王船山愤异族之侵凌，拔剑举义。此皆古之真君子也。其刚烈之气，千载之下，尚觉凛然，绵绵勃勃，乃为湖湘文化之正脉，而华夏民族之本魂也！同天地而不朽，贯日月而永光！追及近世，曾国藩拨乱反正鼎新洋务，毛泽东挥斥方道，指点江山，力主天下沉浮；挽狂澜于既倒，扶大厦于将倾。中华之龙腾，湘人用力最夥。宜哉古人所谓："惟楚有材，于斯为盛。"

　　湘肴之根，在乎湖湘之间，汲苍宇之料，刚柔并济，亲民理性，风格已独俱。众食家识其味曰："刀工精，火候妙，油而不腻，酥而不烂，回味而无穷；重本味，辣有度，辛而不烈，酸而不酷，大和而不同；高雅如祖庵，食之而独钟。"呜呼，君子喟曰："煨熘炖炒湘苑里，东西南北天地中。"

附录二 我国台湾媒体中的张志君汉代养生

　　继金瓶梅宴、射雕英雄宴等"经典文学美食"后，中国厨师开始追溯美食根源从出土古墓中寻找前人的养生食单、仿古菜色。目前故宫博物院正展出"汉代文物展"，合办单位希尔顿饭店则以中式料理重现马王堆出土的汉代养生方，从食物到炊具、食器皆有古风，全面完整呈现出当时饮食风格。

　　大陆知名的"厨师画家"张志君第一次在台湾发表"汉代养生美食"共推出 15 道仿古菜式。这是他与考古学家共同研究出土的汉代食单，心领神会之后，再烹饪出来的佳肴。张志君表示汉人的烹调方式有 11 种，包括：羹、炙、脍、濯、熬、泡、蒸、腊、濡、脯、菹各有巧妙不同的应用。

　　例如具有补肾益肺的"砂锅濡鳖"，就是用老鸭、火腿、

虫草、黄酒熬高汤，再以高汤煮甲鱼，食用时蘸以24种药材制成的"蜜汁"。沾食用之便叫"濡"。益气健脾的"杜仲炮金合"，则将杜仲烹调的鸽肉用荷叶包紧，加入绍兴酒增其香甜，再后以泥土煨熟。

仿古菜色除了讲究配方忠实于史料之外，连烹饪的食器也十分讲究。最具代表性的是"杞鞭羹鼎"，汉代炊具中最常见的就是鼎，虽然这道菜用的不是鼎烹，但是饭店特别找来了仿鼎的瓷器用来盛以枸杞、鹿鞭、老母鸡熬制的羹汤。"西汉龙锅鲜"则是用加盖的陶器隔火炖煮鳝鱼与山羊肉，带出甘温的性味。

12道汉代养生方，可以看出汉人对于食疗滋补很有心得，除了应用药材之外，特别偏爱动物性滋补品。

在12月3日的"汉代养生美食"讲座中，张志君用蔬菜当笔，在宣纸上当场作画。他运"笔"潇洒，布局巧妙，一支烟的功夫，一幅山水斗方就栩栩如生地跃然纸上。在场的记者以题为《厨艺结合画艺，以花叶枝梗勾勒、沾刷、点染，张志君烹得佳肴入画来》，报道了张志君的作画过程。

拿削尖的胡萝卜当笔，蘸墨勾勒出细致的树影，再用饱蕴颜料的天津白菜轻扫山雾，有"厨师画家"之称的张志君，仅仅花了15分钟，就用蔬果为画具，描绘出一幅《秋韵》，令在场人士折服。

1988 年参加中国大陆全国烹饪大赛荣获两面金牌，进而确立了湘菜地位的"画家厨师"张志君，同时也获得"洞庭杯"全国书画大赛佳作奖，对于烹饪，他博览历代食谱，仿现代名家，开创湘菜的新局，对于书画，他自幼学习油画，水墨画，亦师承名家。一日友人建议"你为何不将厨艺和书艺合二为一呢！"开启了他以蔬菜作画的因缘。

以蔬果作画并非易事，张志君用笔用惯了，花了好些日子才习惯手持菜叶枝梗绘画、落款。经过了多次实验，他发觉，斜剖的茄子柔软，容易吸墨，纤维参差，可以呈现出不同的画风，加上抓握稳当，是他最常用的画具。其次，削尖的胡萝卜适合勾勒，西生菜适合沾刷，花椰菜则用来点印。透过张志君的妙手，这些平凡的蔬果仿佛鲜活起来，让中国的水墨画呈现更丰富的意象。厨房里的锅碗瓢盆也摇身一变，原本盛菜的白瓷盘，成为调色盘，汤碗则成了画家的笔洗、小碟、竹筷通通成了当然的画具。

《民生报》1999 年 12 月 3 日，记者赵风凤报道

重现汉代马王堆养生食谱

1999 年 12 月 8 日，《民生报》"文化风信"专版又刊登长篇报道《从马王堆食谱，窥见汉代文化——养生烹调与漆器之美座谈，重现两千年前美食》：

西元两千年后的日子不太难想象，但两千年前的汉代老祖先怎么过生活，除了从故宫最近展出的"汉代文物大展"中略窥一二，食客也有机会尝尝自汉代古籍重现而来的仿古菜式，实地验证两千年前老祖先养生健体的效果。

得知湖南长沙的马王堆三号墓中，挖掘出大批帛画，不少内容都与汉代医药学有关，其中又以记载了丰富食补菜式的"养生方"最引人在意，并由彼岸名厨张志君揣摩研究后试做，自即日起至 12 日在台北希尔顿饭店实地烹制供食客品尝。

虽是两千年前的食补料理，但当时"医食同疗"理论已至成熟，老祖先对于籍食物养生疗病的心得十分丰富，特别是贵族阶层最关心的增寿健体、美容养颜、补虚益气等诉求"养生方"里满载秘方菜式，像"红花巾虾仁"就取有助活血的西藏红花，与滋阴补养的虾仁溜炒成菜，妇女食用效果堪比四物汤；"杜仲炮金合"用的是温补肝肾的杜仲与佐料，塞进强精圣品之一的鸽子腹中，再以类似叫化鸡手法焖制而成，对于肾虚腰痛，甚至现代高血压都有一定助益。

主厨还利用仿汉代古文物中的烹具，实际做成菜；包括以古式砂锅炖制的"砂锅濡鳖"，以鼎炖多种精益食材的"杞鞭羹鼎"等，食客在尝鲜之余，也鉴赏汉代饮食文化的精细之美。

大陆名厨掌厨　台北食客有口福

记者赖素铃报道：现代人从不会想要把天上飞的麻雀送进胃来，两千多年前的汉代长沙国丞相夫人辛追，却在墓中摆满了罐麻雀酱，引得学者费尽猜疑，前一段时间在大陆福州举行的"中国饮食文化学术研讨会"，就有论文探讨麻雀和生子信仰的关系；事实上，不只麻雀酱，马王堆汉墓中出土大量食物、中药材，已在文物、帛画、帛书之外，自成"马王堆食谱"的研究学问，广泛应用于盛食，进食用具的漆器，也于昨天配搭作了生活化的现身说法。

虽然历史课本与史书详尽记述了汉代的政治经济社会演变，但汉代人吃什么？怎么吃？还是直到1972年马王堆汉墓出土，才有可活生生的例证，由于马王堆一号墓保存情形极其良好，不但墓主利苍夫人辛追得以穿越两千多年时空，以完整的形体，仍具弹性的肌肤外貌和20世纪、21世纪人相见，就连墓中的食物残骸也都分外分明。梅、杨梅、梨等水果都仅只干瘪，实在很难让人相信那是两千多年前的水果。

马王堆出土的食品提供了丰富的研究角度，却不在目前于台北故宫博物院展出的"汉代文物大展"展品之列，

然而透过大陆画家厨师、厨师画家张志君的访台，不仅将马王堆食谱传扬到台湾，湖南省博物馆馆员符钰，也于昨天和张志君作了一场"汉代养生美食烹调与漆器艺术之美"的座谈，烹调示范的生活性做法，更引得观众兴趣盎然，纷作笔记俨然跃跃欲试。

以现代人的经验设想，美食和漆器似乎是风马牛不相及，实际上马王堆漆器出土时，有不少都是盛着食物和酒的。符钰指出，当时漆器珍贵，一件耳杯可抵十件青铜器，而马王堆汉墓总计出土700多件漆器，长沙国丞相府的贵胄豪风可见。

历经两千多年依然如生的利苍夫人，出土当时震惊世界，尔后湖南医科大学解剖她的遗体，不但得知她身前健康状况、死因，也在她的食道、胃、肠中找到138颗半甜瓜子，而陪着利苍夫人一起到地下王国的，还至少有一箱鸡蛋、一箱华南兔以及黄羊、绵羊、狗、猪、马、野鸡、野鸭、雁、鹧鸪、鹌鹑、天鹅、麻雀、鲤、鲫等洋洋大观，马王堆出土食品，共计70竹笥（竹箱）、11麻袋，品种近150类。

让人惊欢的是，这些食物的制作功夫也非等闲，都经过精心烹调，做法则有羹（肉汤）、炙（烧烤）、炮（肉去毛，裹泥烧烤）、煎、熬、蒸、腊（炸）、脯（咸肉条

214

或肉片）、菹（酱）等 10 余种，和现今的湘菜也有不少相通之处，再加上记载墓中随葬物品清单的"遗册"详尽登录，解读出汉代所用古字今意后，马王堆食谱的复原也不会是不可能的任务。

张志君昨天现场示范一道松仁宁黑鸡，具有润肺止咳功效，再加上燕窝梨盅、桃实鳜鱼、五味鹌鹑等多道滋养的汉方食谱，运用墓中曾发现的浏阳豆豉、枸杞、丁香、肉桂等多种中药材，串连起马王堆的食谱，医书、养生、实在是一以贯之。

《联合报》1999 年 12 月 3 日，记者刘蓓撰文

《道德战争——现代中国在价值观上的挑战》

    作　　者：张东才
    出版时间：2014 年 6 月
    定　　价：38.00 元

　　这是一本从宏观上探索和思考价值观的书。作者曾被邓小平接见过（见 1979 年 5 月的《华侨日报》）。他写的《美籍华裔教授张（东）才对我国人事体制的建议》（1988 年 8 月 19 日）被《经济日报》作为内参报送中央领导并得到当时中央领导胡启立、温家宝和宋健等人的高度赞扬。这本书于凤凰卫视"开卷 8 分钟"栏目（2014 年 9 月 30 日）被隆重推介。

《国祚密码——16 张图演绎中国历史周期律》

    作　　者：姬轩亦
    出版时间：2014 年 12 月
    定　　价：38.00 元

　　本书以详实的数据和严密的逻辑推理再现了公元前 841~1949 年的华夏民族兴亡史；从国际关系学和社会学的角度深入分析了我们民族历史上那些至关重要的命运转折点背后的强大动力；用现代语言诠释中国 4000 多年的政治伦理和政治实践；透彻地解剖了华夏民族的编年史"如何打破华夏民族分久必合、合久必分的历史宿命"……告诉你支配这种规律的竟然是一个周期率。

《民主不是万能的》

    作　　者：王千马
    出版时间：2011 年 12 月
    定　　价：35.00 元

　　这是一本优秀的对话集，作者通过与 10 位意见领袖的对话激励我们找到属于自己的心声。本书上了宜兴教育局"关于印发《全市社会教育机构读书活动实施方案》的通知"中的红头文件，文件特别推荐本书并指定"各类教育（培训）机构教师必读其中（3 本）的任何一本；《小康》杂志特邀中央党校教授、经济学者等联合开出了"推荐官员阅读 50 本书"书单，本书位居其列。

《创造力——推开潜能世界的大门》

    作　　者：[加拿大] Judan
    出版时间：2012 年 6 月
    定　　价：48.00 元

　　这是一位犹太人结合中西方读书和工作经验的理论研究和实战经验的总结，是关于学习系统建设和学习理念及其方法的实战手册。从平凡也能到卓越，这不仅仅是一本关于创造力的书，而是一本蕴藏无穷智慧的佳作。

《华尔街局中局》

作　　者：宾 融
出版时间：2011 年 6 月
定　　价：35.00 元

　　全书以 37 个图表从专家角度把华尔街投机客手中精美包装的垃圾一一深入剖析，再现华尔街各大传奇公司上演的倒闭潮和跌宕剧，让人深思资本市场中的道德缺陷和金融体系的弊端；5 类针对信评机构的监管法则锁定海内外资本市场如何防范资本金风险，其对"变局、残局、对局"的深入剖析，贯穿了博弈论的思想，作者从资产证券化和金融产品创新的角度，挖掘出危机背后一系列深层次的、错综复杂的、美国的政治体制与经济政策方面的内生性根源和风险点。

《医院绩效变革》

主　　编：秦永方
出版时间：2016 年 5 月
定　　价：88.00 元

　　作者在医院和医院管理技术研究院第一线研究了 30 年，自 2009 年新医改以来，他深入各级各类医院调查访谈医院管理者及医务人员近 2 千人，从实践中汲取管理营养，认真研究医改新政，探索与社会和谐互动的医院绩效管理模式，本书稿更加侧重实操的研究成果。

《留学十问：圈内妈妈与教育参赞的对话》

作　　者：肖 堰
出版时间：2017 年 8 月
定　　价：48.00 元

　　本书采访者走访过世界 30 多个国家和地区的 200 多个各级各类教育行政管理部门和大、中、小学、幼儿园、培训企业。深度与中国 20 多个省、市的 40 多个各级各类教育机构开展过长期工作，这是一本与中国顶级专家进行过多年在留学教育领域的合作指南书搞。两位教育参赞长期在大学和高教管理部门工作，参与见证了世纪之交中国高等教育的改革发展，访问考察过国外近百所著名高校。负责组织实施中国高校领导海外培训项目。陈维嘉(分别担任中国传媒大学党委书记；教育部直属高校工作司司长；任驻芝加哥总领事馆教育参赞)；薛焕白（分别担任教育部人事司处长；中国人民大学副校长；中国驻温哥华总领馆教育领事［副司级］）。

《驾行中东 17 国（插图本）》

作　者：刘　武
出版时间：2011 年 6 月
定　价：35.00 元

　　本书记载了央视资深记者刘武驾车走过 17 个国家的的探险录，从中东地理涉及到人文和风俗人情等，配有大量图片及速写（为南开大学东方艺术系主任赵均教授画）……本书得到了伊朗和叙利亚等中东大使馆的大力赞许，张建伟和卢跃刚作序。

《纸牌大厦：卢瑟经济学之 21 世纪金融危机》

作　者：安　生
出版时间：2015 年 4 月
定　价：48.00 元

　　本书出版最大的贡献之一，不仅在于揭示问题的实质，更在于印证了一点：在当今条件下，即便是卢瑟，逆袭成功也是有可能的，可以让卢瑟们在复杂的市场经济中学会顺势而为。本书以精邃之洞见抽丝剥茧，将大国宏观经济博弈的张张底牌，清晰地展现于我们眼前。

《卢瑟经济学》

作　者：安　生
出版时间：2014 年 4 月
定　价：35.00 元

此书以马克思思想为基础，并参考了西方主流经济学等人的观点，提出资本主义运行方式存在固有的内在不稳定性。本书还探寻了权利与繁荣的秘密联系，并帮你构建与当前社会结构相适应的个人策略体系。

《授之以渔我收网——销售组织齐心协力之道》

作　者：谷荣欣
出版时间：2014 年 6 月
定　价：35.00 元

　　这是一本关于销售、管理和组织齐心协力之道的书，重在系统全面的协助组织提升销售生产力，建立组织内部信息对称。更难得的是作者运用心理学、营销管理学和人力资源学并结合自身一线在四川和重庆硬是打败了在国内其他地区无败绩的国外知名软件大品牌，首创国内品牌完胜国际品牌且在两地市场占有量豪取 70% 份额的傲人业绩，书中大量的案例来源于此。

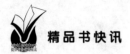

《儒商管理学》

作　　者：周北辰

出版时间：2014 年 6 月

定　　价：35.00 元

本书展示了中国儒商文明与中国式管理的七大要素和现代企业文化与管理制度的八大要素。作者将儒家经典和管理案例奇妙结合在一起，以期帮助中国企业家建立有中国特色的企业文化与管理制度，建立儒家传统的管理之道，提升中国企业领导人的人文与哲学素养。本书还阐述了两个重大问题：儒商精神与儒商管理模式。儒商精神的培育与儒商管理模式的建立，标志着中华文明由传统"农耕文明"型态向现代"商业文明"型态正式转型的开启。

《缶庐拾遗及其他——献给吴昌硕诞辰 170 周年（插图本）》

作　　者：吴民先

出版时间：2015 年 1 月

定　　价：48.00 元

吴昌硕是近代杰出书画家兼篆刻家，这本集子是其后人搜集吴各种轶闻和资料编撰而成，给热爱书法艺术的人以启示。

《湖南长乐古镇文化（插图本）》

作　　者：周明剑　余耀宗　刘泽龙

出版时间：2013 年 6 月

定　　价：32.00 元

长乐，乐其天乐其道乐其人也。这本书为长乐古镇的建制沿革、族源、宗教、建筑、语言、艺文、民俗、传说等做了近乎百科全书式的展示。既有"田野调查"式的大规模采风实录（如歌谣部分等），又有颇具知识含量的高精度治学解疑（如方言部分等）。此书真实生动地呈现了湘北农村历史人文画面，令人不忍释卷。

《7 天学会古琴（插图本）》

作　　者：杨青

出版时间：2015 年 7 月

定　　价：48.00 元

杨青老师录制古琴专辑《琴·歌》获 2011 年度十大发烧唱片奖；曾受邀担任 2009 年度及 2012 年度 CCTV 民族器乐大赛古琴组决赛评委；这本古琴艺术教学作品（配光盘）一书已被今年的非遗大会会务组内定为会务指定阅读书。长年的教学经验使杨青先生总结出一套独特、高效的古琴教学方法，这本书是一本古琴艺术短平快的作品，可让大众很快吸收古典文化艺术的熏陶。

《拳意图释》

    作　　者：刘普雷
    出版时间：2019 年 6 月
    定　　价：118.00 元

　　本书主要是讲技击是武的核心，生存是人的第一能力，习武自强自信自尊自制自在自然，在这些必备保障之上，阅读《拳意图释》对于善练并尊重武学规律的各阶层人等，都属开卷有益，习必有得，仁智千秋，温故知新。

《久违的芬芳》

    作　　者：李晞海
    出版时间：2016 年 7 月
    定　　价：35.00 元

　　我们通常喜欢悲剧的小说，觉得这样造成的遗憾难免会有一丝涟漪值得久久回味，但本书不认可只有悲剧结束的故事才算得上经典完美。本书讲述的是 18 世纪欧洲西部一个偏僻的部落庄园几十年间发生的三代人之间的爱情故事。

《白纸黑字》

    主　　编：悦殊
    出版时间：2016 年 10 月
    定　　价：38.00 元

　　这是一个历史系女生的纯私人写作，没有任何现实目的，只是出于对白纸黑字的热爱，一笔一划，一字一句，寸寸本心。更庆幸我们生命里有着许多至今仍将白纸黑字视为图腾的同道者。

《地河》

    作　　者：韩　上
    出版时间：2017 年 6 月
    定　　价：38.00 元

　　本书是一篇以农村生活为背景的小说。作者以水源腐败为出发点把污染水源毒害村民的主角放了一个敏感内向，且从小受到欺负的孩子身上来观察和反思。他从小受到村里人的嘲弄，内心积怨很深，逐渐产生仇恨，以至于在长大后对全村人进行隐蔽又恶毒的报复，致使全村灭亡的故事。小说情节表现自然，每一步细节设计都顺情合理无漏洞，对农村生活的方方面面作出了深刻的论述，不失为当下农村生活题材提供了很多值得继续探讨的命题。

《茶油的背后》

作　　者：黄铁鹰

出版时间：2018 年 6 月

定　　价：39.00 元

　　袁隆平推荐的山茶油，稻盛和夫点赞的企业家，被褚时健看好的项目，比橄榄油还要好的食用油。农民的管理、自然灾害、劳动力不足、激烈竞争的食用油市场……这不仅是创业，不仅是做茶油，更与农村、农业和农民有关，甚至关乎我们的命运。作者的目标是编写 100 个像海底捞、褚橙、茶油这样水平的案例，用来记录中国这个千载难逢的商业变革时代的一部分事实。

《寂静的青春》

作　　者：吴　端

出版时间：2015 年 2 月

定　　价：38.00 元

　　这是一本试着以历史唯物主义的理论与方法，来研究青年在近、现代人类社会快速发展与变革过程中，起到的独特作用和重要意义，以及它所表现出来的带规律性的本质特征。这对建立起科学的经得起历史检验的青年观和建设青年学科理论的核心理论很有帮助。

《青春奥秘》

作　　者：谢昌逵

出版时间：2017 年 5 月

定　　价：48.00 元

　　作者已过九旬，可谓是我国最年长的作者。他晚年集中精力，花了 8 年多时间，阅读了大量有关文献与资料，写出了这本很有学术价值的新书。这是中国学者关于青年理论最系统全面且富有创见的一本力作，为创建科学的经得起历史检验的青年学作出了宝贵的贡献，也为青年研究走向学科化建构了新的舞台。

《奇幻中国史：生死的格式与众神的审判》

作　　者：王武侃
出版时间：2017 年 12 月
定　　价：119.00 元

这是一部以中国历史为主要素材所写成的文学作品，中国历史上许多传统故事在这里得到文学演绎。本书是采用文学叙事体的写作方式演绎历史故事，作者把东西方神话故事结合到一起，展现出了一个空灵奇幻的世界。本书将引领我们重新认识我们的过去，遐想我们的未来。分古代卷和近代卷。古代卷：勾画出了一个有作为的帝王商纣王；阐述了为什么是秦统一了中国；本书还用文学的笔法，将不同的历史人物打入地狱或升入天堂。近代卷：两个文明在新陈代谢中对抗，传统农业文明没落，工业文明展露生机；地球上低级动物，高级动物，无机动物三体世界初步形成。

《解码西游》

作　　者：黄如一 著
出版时间：2018 年 11 月
定　　价：49.00 元

玉帝抛世民为饵，佛道以取经逐鹿。《西游记》的重重密码，解开其实是大明首相李春芳的官场笔记。且从李春芳（而非吴承恩）的视角，看看《西游记》下隐藏着怎样惊心动魄的晚明官场甚至社会变革的大棋局，同时，本书也是指导现代人职场历练的八十一个锦囊。

《微媒主义》

作　　者：徐应旺
出版时间：2019 年 1 月
定　　价：48.00 元

在今天这样的时代，如何藉由新媒体传播信息、文化，推广知识、产品乃至企业品牌，已经成为一个不可规避的问题。书稿作者是坐拥百万粉丝的知名财经博主，他以自身的微媒体运营经验为切入点，从新的格局、形态、模式到新的逻辑、思维、内容、方法，为读者展示了一个全新的传播视角，为新媒体尤其是微媒体运营提供了具有战略意义和工具性的有益参考。

《吾爱教学》

作　　者：黎利云
出版时间：2019 年 6 月
定　　价：88.00 元

　　"五I"理论的产生源于张楚廷教授对人的独特理解、对生命的深切感悟、对教育的深刻认识。作者在将"五I"与美国的泰勒原理、与多尔的 3S(Science、Story、Spirit) 以及 4R (Richness、Recursion、Relation、Rigor) 等理论的比较中发现："五I"是一个具有人本特质和中国气派的课程理论。

《为食漫笔（插图本）》

作　　者：张志君
出版时间：2019 年 6 月
定　　价：49.00 元

　　本书以艺术的观察、专业的思考、随性的笔触，展现了中国饮食文化的无穷魅力，从中我们也可以窥探出中国餐饮及湘菜发展的动人历程。同时，文集中关于烹饪艺术中艺人、艺术和美食的洞见，更展现了一位双艺术家对于艺术的独特理解和人格魅力。

《大山·远方：张志君的山水世界和他的画家师友们》

作　　者：蹇　丰
出版时间：2016 年 11 月
定　　价：58.00 元

　　这是一位拥有过人洞察力的艺术家的作品集。张志君是一位在国画上取得一定成就的非职业画家，被许多艺术评论家称为当前艺术环境下的一种"现象"。作者试图从张志君的绘画和生活经历的讲述来解开这一谜题，为人们了解非职业画家的创作生态提供一个生动的参考。发现惟有一位真正热爱生活的渊博之士，才可游刃有余地画出这壮丽山水。

《旧邦维新——新民·新人研究 30 年文集》

作　者：陈亮　张建　钟轩宇
出版时间：2018 年 11 月
定　价：118.00 元

文论选（1986-2016）主要集结了中国大陆近 30 年来对国民性改造的探讨和培养新民新人的理论探索以及部分大陆与境外、域外的教育实践文本。全书共分四个部分由 52 篇文章组成。通过总论的回顾与启示，展开对梁启超《新民说》的专题讨论，由新民新人思想的演进过程，展现各个历史时期的问题与思考、诠释与实践。文论选是关于国民素质问题研究成果的一次总结，具有思想史的意义。文论选的编撰乃启发式的基础工作，对进一步的学术研究是一次推动。文论选的出版将为青少年教育工作者、思政工作者、伦理学研究者、思想史研究者提供一份学习和参考资料。

《改善社会建设　重建社会秩序》

作　者：贡森　包雅钧等
出版时间：2017 年 10 月
定　价：30.00 元

本书是 2017 国务院发展研究中心丛书之一种。书稿从多个层面和角度深入论述和分析我国构建改善社会建设和重建社会秩序的政策措施。主要分三个专题，四个报告。对社会建设领域各方面的改革提出了具体建议。文末附加提供了美国政府的工资革命（1780~1940）以吸取他国创新之处。

《新工业革命的中国战略》

作　者：赵昌文 等著
出版时间：2018 年 11 月
定　价：40.00 元

本书是 2018 国务院发展研究中心丛书之一种。中国要实现到 2035 年基本实现现代化和本世纪中叶建成富强民主文明和谐美丽的社会主义现代化强国的战略目标，也必须深度参与甚至引领一场新工业革命。

《面向未来的创新型人才发展：制度与政策》

作　者：国务院发展研究中心创新发展研究部著
出版时间：2018 年 11 月
定　价：50.00 元

本书是 2018 国务院发展研究中心丛书之一种。本书从多个层面和角度，结合国外经验，深入论述和分析我国构建具有竞争力创新型人才体系的政策措施。主要分六个专题，三个案例，文末附加说明了书中主题的研究背景、研究特点与创新之处。

精品书快讯

《观察》系列

主　编：杨其川　王　强
出版时间：2012 年 11 月
定　价：30.00 元

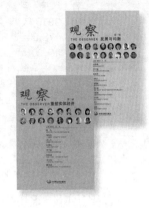

　　《观察》每一辑有选择性地就中国经济社会变革与发展中遇到的某一个焦点或者难点问题作出探讨。《观察1》以"发展与均衡"为主题，《观察2》以"重塑实体经济"为主题，即将出版的《观察3》以"生态城镇化"为主题。集子收入的作品和作者都是经济界知名人士，分别采用了张维迎、滕斌圣、谭云明、孟书强、石正方、徐枫、韦森、余永定、茅于轼、魏杰、张茉楠、张锋强、易宪容、黄茂兴、许小年、巴曙松等人的文章合集。

推理小说系列

作　者：马　天　王稼骏
出版时间：2012 年 11 月
定　价：25.00 元

　　《1/7 生还游戏》整个故事是由一笔巨额遗产引起，这种古典推理小说的模式大大增加了阅读乐趣，能吸引大量的本格推理迷阅读；《诡异房客》不仅描写了富含日系风格的离奇凶案侦破故事，也对社会上的一些阴暗现象（如对精神病人的歧视等）进行审视，富含哲理。作者有业界被称为"中国的东野圭吾"。

《新京报十周年丛书》5本

作　　者：《新京报》
出版时间：2013 年 11 月
定　　价：35.00 元

　　"新京报十周年精品系列"共 5 册，新京报践行"品质源于责任"的价值观，以主流性、敏锐性、时代性洞察时局，引领舆论，推动社会的文明进步，成为一份具有全国影响力和世界影响力的新型时政类主流城市日报。这是该报社创刊近十年（2003~2013）来优秀获奖作品的精选集，此集子的出版给传媒行业提供了实践样本和动力。

柳传志、俞敏洪、王健林、郭广昌、王中磊、雷军等，这些标杆企业家们，其实更打动人们的不是他们的财富，而是他们附着于创业经历上的思想富矿。

关于财富、关于视野、关于感情、关于朋友…下午茶时间用心来读一读，或许真能改变对世界的些许看法。

2013年11月初上市

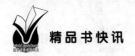
《公共幸福系列》5 本

作　　者：[日]矢琦胜彦
出版时间：2012 年 6 月
定　　价：35.00 元

矢琦胜彦，现任日本芬理希梦集团名誉会长，京都论坛事务局长。他在四川凉山培植了越光稻谷成立"信赖农园项目"，认为这个地方或许可以成为未来不发达国家的人们摆脱困境的发展典范……以此为动力撰写出此系列图书：《幸福经营之道》、《良知物语》、《印度植树物语》、《信赖农园物语》、《和商实学》。